启真馆 出品

搞科学：在哲学的启示下

[加] 马里奥·邦格 著

范岱年 潘涛 译

ZHEJIANG UNIVERSITY PRESS
浙江大学出版社
·杭州·

图书在版编目（CIP）数据

搞科学：在哲学的启示下 /（加）马里奥·邦格著；范岱年，潘涛译. —杭州：浙江大学出版社，2022.7

（启真·科学）

书名原文：DOING SCIENCE: IN THE LIGHT OF PHILOSOPHY

ISBN 978-7-308-22276-1

Ⅰ. ① 搞… Ⅱ. ① 马… ② 范… ③潘… Ⅲ. ① 科学哲学 Ⅳ. ① N02

中国版本图书馆CIP数据核字（2022）第005590号

搞科学：在哲学的启示下

［加］马里奥·邦格 著 范岱年 潘 涛 译

责任编辑 王志毅
文字编辑 孔维胜
责任校对 张培洁
装帧设计 祁晓茵
出版发行 浙江大学出版社
（杭州天目山路148号 邮政编码310007）
（网址：http:// www.zjupress.com）
排 版 北京楠竹文化发展有限公司
印 刷 北京中科印刷有限公司
开 本 880mm × 1230mm 1/32
印 张 9.5
字 数 202千
版 印 次 2022年 7 月第 1 版 2022年 7 月第 1 次印刷
书 号 ISBN 978-7-308-22276-1
定 价 69.00元

浙江大学出版社市场运营中心联系方式：（0571）88925591；http://zjdxcbs.tmall.com

前言

当代科学研究（science studies）探讨了科学的大部分方面，但往往侧重答案，而不是问题。它们也忽略了哲学对科学研究的问题选择、方法论和评价的影响。本书试图克服这些局限，集中注意孕育产生科学的哲学母体对研究计划的培育或阻扰。

本书的另一个目的是要恢复这样一个经典观点，即科学研究（scientific research）是要探索原始的真理。这一观点在20世纪60年代受到托马斯·库恩（Thomas Kuhn）和保罗·费耶阿本德（Paul Feyerabend）的意见的挑战，他们认为科学家并不探求真理，因为根本不存在真理这种东西；也受到布鲁诺·拉图尔（Bruno Latour）和他的建构主义者–相对主义者同伙的挑战，他们认为科学家制造事实而不是客观地研究事实；还受到米歇尔·福柯（Michel Foucault）的挑战，他认为“科学是另一种政治”。

可是我也不想恢复那种传统的科学观，把科学看成是可靠数据的宝库；甚至也不愿为波普尔（Popper）夸张的意见辩护，他认为科学家是自虐狂，一心想证伪他们自己以前的假说。虽然本书充满了对最流行的科学观的批评，但它最主要的推动力是要推进一项建设性的任务，即提出一种新的科学研究理论。我在写我的两卷本著作《科学研究》(Bunge 1967b)时就开始了这项工作。

本理论包括并改进了以下这些概念，例如，在测量的经验论说明中没有指标或标记的概念；它也包括并改进了指称的概念，这在像卡尔纳普(Carnap)最著名的语义学理论中也是没有的，他把意义同可检验性混淆了。此外，新理论避免了将测量——一种经验操作——同集合论的量度概念相混同的毛病；它也避免了将一个量的量纲，例如速度的量纲 LT^{-1} 同大小相混淆；最后，但并非最不重要，我的观点，同结构主义者的观点相反，是采纳科学理论的切片模型，把科学理论看作一个具有事实内容或语义假说集的数学形式体系。

总之，本书的主要目的是提出一个科学研究观，就像实践科学家实际所做的那样。有意思的是，这种努力愈接近实践中的科学，也愈使我们比标准观点更接近哲学。我将论证，这种科学研究的哲学母体既发挥启发的作用，也发挥规范的作用，它构成一个完整的世界观，我们期望它适合当代的科学。

在它满足这种实在论条件的程度上，这种蕴含的世界观也配得上称为**科学的**世界观。这不是一种智力游戏，我们期望这种特殊地看待科学的方式有助于我们使像另类医学和片面的机会主义的社会政策那样的信仰和实践失去吸引力，它们与所谓的科学精神相矛盾，忽视了相关的科学证据，从而构成了公众的危害。在这一点上，这种特征证实了古代的哲学观是生活的向导，也证实了亚里士多德(Aristotle)把科学看成是可完善知识体的科学观。

本书的主体后面是两个有关心灵科学和心灵哲学的附录。法昆多·曼纳斯（Facundo Manes）教授同他在神经科学领域的合作者所写的附录1关注的是一个大问题，也就是自由意志的存在课题。公元400年，希波的圣·奥古斯丁（St. Augustine of Hippo）首先探讨了这个问题，自此之后，这个问题一直成为被热烈争论但没有结论的课题。支持狭隘的决定论的大多数科学家拒绝自由意志，把它看作是一种神学的幻想。把心灵用计算机做比喻的辩护士们也是如此。与此相反，理论神经心理学的奠基人唐纳德·赫布（Donald Hebb）（1980），也是提出此乃实验心理学的一个合法课题的第一位现代科学家。这也是附录1的作者们有关这个问题的观点，而且他们考察了与此课题有关的一系列新近的科学发现。（亦见 Bunge 1980）

附录2的作者动物学家马丁·马纳尔（Martin Mahner）博士，关注研究精神的科学进路，并且尽力澄清当今心灵哲学中出现的若干关键的哲学－科学术语。他也指出，危害形而上学或本体论的这重要一章的概念混淆阻碍了心灵科学的进展。马纳尔还指出，流行的心灵哲学滞后于心灵科学，而我自己对此领域的贡献有助于心理学研究。

马里奥·邦格

麦吉尔大学哲学系

加拿大蒙特利尔

目 录

导言

本书聚焦发展过程中的科学（science in the making），以及它的哲学前提，诸如合理性、实在论，等等。虽然这些前提大多是隐含的，很容易被忽略，但实际上它们却是极其重要的，因为有些前提有利于科学研究，而其他的一些前提却阻碍科学研究。例如，主观主义导致顾此失彼和无控制的幻想，而实在论鼓励我们去探索世界并检验我们的猜想。

我们在学校和教科书中学到的一点科学是完成的产品，而新近的科学研究计划的成果则发表在只有专家阅读的期刊上。例如，仅美国物理学会就出版了十九种有同行评议的期刊。普林斯顿大学有位著名的科学哲学教授偶然访问了美国物理学会，惊奇地发现世界上不止有一份物理学期刊。显然，他不参阅科学期刊。

科学期刊发表原始报告、综述论文，以及短讯。科学家的等级大致是以他在有很大影响的期刊上发表的论文数量来度量的——这是一个可以争论的标准，正如加西亚（John Garcia）（1981）轰动一时的实验所表明的那样，它把研究质量同作者所在的学术机构的威望混合在一起。有些期刊有很高的标准，它们在十多篇来稿中只发表一篇。大众媒体往往只传播一些有关少数杰出论文的谣言。

显然，仅靠阅读权威科学期刊上新近的论文并不足以训练出富有成果的研究者。发展中的科学只有通过做某种原创性的科学研究或重复这种研究才能学到，即令如此，人们还必须穿透围绕科学的神话厚层。例如科学与技术的混淆，或者甚至科学与追求权力的混淆（一个代表性的样本，可参见 Numbers & Kampourakis 2015[①]）。

xii

让我们看一看，例如，科学思想同自由幻想的差别。确实，无节制的幻想属于文学、艺术和神学；同样确实的是，没有幻想的、像科学那样严格的工作，例如，烹调、缝纫，或者按照既定规则的计算，是一种更加单调的工作。幻想——超越明显的东西或陈腐之见——是创造性工作的本质，不管是在科学、技术、艺术、文学、管理或日常生活中，都是这样。可是，我们不能被这种类似性引入歧途，因为科学家寻求真理，而在其他领域里，则不要求这样。

由于幻想在科学中的重要性，19 世纪德国大学的管理机构习惯于把数学家同神学家放在一个部门里。当然，在这样做时，它们忽视了数学家与神学家的不同，数学家花大部分时间来证明猜想，而不是来做出猜想。但是，证明只能在猜想之后，而且没有提出新假说的规则：没有**发明术**（ars inveniendi）这种东西。

---

① 中译本：《牛顿的苹果：关于科学的神话》，罗纳德·纳伯斯、科斯塔·卡波拉契主编，马岩译，中信出版集团，2018 年。——译者注（全书脚注若无特殊说明，均为译者注）

另一个流行的错误有关科学的与人无关性。这一点说的是，与爱情和滋味不同，科学研究是与个人无关的，人们倾向于说，科学程序和成果是可理解的，并且符合客观标准的评价，诸如原创性、明晰性、精确性、逻辑一贯性、客观性，同以往知识总体的相容性、可重复性，属于公众领域而不是私人的宗派的领域。

但情况并不总是如此。当大学开始分为系而不是讲席时，讲席教授们的行为就像封建君主，他们中的某些人要求拥有自己的研究领域。在 20 世纪 60 年代，当西欧大学重组为系时，海德堡一位著名的教授名为 M-L，拒绝并入系内，在他的门上挂了一块板，上写 **M–L 领地**。而在一所西班牙大学中，一位量纲分析——应用数学中一个很小的没有活力的部门——的专家，自己成立了一个系——一个人的**量纲分析系**。

说到科学 – 哲学的联系，例如，谈谈第二性质（*qualia*）的研究，诸如颜色、滋味和气味。当我在 20 世纪 30 年代上中学学习化学时，就背诵我们在教科书中学到的各种物质对感官的影响的性质，但从未处理过。例如，我们学氯气，它看起来是黄绿色，味道酸辣，有一种使人闷塞的气味，所有这些都是真实的，在实验室中有用，但对理解化学没有多少好处，不如学会去除实验服的污点。

xiii

大多数哲学家都向我们保证，既然所有这些第二性质都是主观的，它们都不能用科学来说明。确实，正如伽利略（Galileo）在四个世纪前在《试金者》（Il saggiatore，1693）中所教导的，科学（那时意指力学）只探讨第一性质，诸如形状、重量和速率。甚至在今天，第二性质的存在，时常用来拒绝唯物论（通常同物理主义相等同）。

那些哲学家要是知道了今天那些第二性质已被分析为大脑的某些亚系统的第一性质，可能会感到惊讶（参见，例如，Peng *et al*. 2015）。这项研究是认知神经科学家做的，他们利用脑成像技术，已制成“哺乳动物”（实际上只是鼠科）的脑的味觉性质的滋味图。特别是，他们已把滋味放在脑岛——一个处在大脑皮层下面靠近眼睛的器官。他们已经知道甜和苦的感觉相距只约2毫米。这种第二性质不仅可以用食物消化来激发也可以用光刺激或注射某种药物来激发。尤其是，不用读天性论者诺姆·乔姆斯基（Noam Chomsky）或史蒂芬·平克（Steven Pinker）的著作，老鼠可以训练到克服天生的爱好——喜爱甜的刺激胜过苦的刺激。

所有这些研究都预设了唯物主义的（虽然不是物理主义的）假说作为前提，即一切精神的东西都是大脑的。今天，大部分心灵哲学家都偏爱三种心灵哲学，即唯灵论、心理神经二元论和计算机主义，如果研究者被束缚于这些心灵哲学，他们就不可能接受唯物主义。

最后，当代对第二性质的科学研究并不是**哲学→科学**起作用的唯一例子。事实也表明，出现了反向作用的例子：某些科学发现能够迫使某些哲学的变化——在这个例子中，唯物主义扩大到包括主观经验及其客观研究，甚至是对自由意志的研究（参见附录1）。

更精确地讲，作为机械论的古代唯物论产生于两千五百年前的希腊和印度，现在只是科学唯物论的很小的一个分支，它能够影响所有科学学科，只要它能说明精神的东西而不是否定它。例如，流行的主张认为，意向性与因果性根本无关，当知道意向性是前额大脑皮层中的过程时，这种主张就消失了。

几乎上述所有的例子都属于科学哲学。大多数科学家都不太尊重这个学科。因此，理查德·费恩曼（Richard Feynman）有一次把物理学哲学对物理学家的用处比作鸟类学对鸟的用处。对此，人们可以回答，科学家不能回避哲学，当他们对某种假想的实体或过程的真正出现或可理解性感到惊奇时，就是如此。例如，建造和资助像欧洲核子研究中心（CERN）、费米实验室和杜布纳的那些巨大的粒子加速器时，争论的焦点却正是发现理论家所想象的某种实体或过程是否是真实的（参见 Galison 1987①）。

尤其是，如果费恩曼曾对哲学有某种重视的话，他就不会混淆定律（客观的模式）与规则（做事的规定）；他就不会假设正电子是走向过去的电子；他会把他自己著名的费恩曼图看作记忆的手段而不是真实轨迹的描述；他也就不会写出如下的话，“既然我们能写出任何物理问题的解，我们就有了一个能自我支持的完备理论”（Feynman 1949）。

费恩曼可以把哲学摔在一边，忽视有关实在论的玻尔－爱因斯坦争论（Bohr-Einstein debate），并宣称“没有人理解量子力学”，因为他选择去做许多很艰难的计算——这项任务不要求哲学的承诺。此外，费恩曼是在物理学的一个成熟的分支内，即在电动力学内工作。这个学科是一个世纪前由安德烈－玛丽·安培（André-Marie Ampère）开创的，他在 1843 年出版了两卷本的论

① 中译本：《实验是如何终结的》，彼得·伽里森著，董丽丽译，上海交通大学出版社，2017 年。

科学哲学的著作。

与此相对照，查尔斯·达尔文（Charles Darwin）知道他开创了一门新科学，他必须保护它，使它免受保守机构的攻击。这就是他为什么在公众场合带上正统哲学的面具，而只对少数亲密朋友，或在他的私人笔记 M 和 N（Ayala 2016；Gruber & Barrett 1974）中，我们看到了达尔文的唯物论的心灵哲学（在 1838 年！）和非经验论的知识论。特别是，达尔文认为——同英国的经验论者的教导相反——每一种有用的（非平凡的）科学观察都受某种假说的指导。这些哲学异端似乎帮助达尔文构思了他的科学作品，而首先是，实现了他揭示生命之树的宏伟目标。

xv

第一章　太初有问题

从事任何一类研究，都是研究一个问题，或者是某些种类的——认知的、技术的、社会的、艺术的或道德的——问题。模仿《约翰福音》，我们可以说，**太初有问题**。所以，那些希望开始搞科学（doing science）的人必须找到或发明一个问题来进行研究，并有一位导师愿意来指导他们。

1.1　在源头

自由的行动者更倾向于研究他们喜欢的问题，和他们感到有条件去攻克的问题。但是，当然，大多数初露头角的科学家并不可以完全自由地选择问题，他们的导师或雇主会对他们提出任务——因为一个人在尝试之前并不知道他自己的能力，而且，更重要的是因为找到一个适当的问题是第一步，也是最艰难的一步。

可是，问题选择只是整个事情的一部分，事情还包括一些非认知的因素，例如导师是否适当，他有无时间、研究设备、财政资助。换句话说，初露头角的科学家或技术专家并不享有挑选他 / 她喜好的问题的特权——这也是因为，由于他 / 她缺乏经验，选题不是显得太具雄心，就是显得过分谦卑。总之，有抱负的研究者往往是在他 / 她那有预见的导师或雇主建议的一堆问题中去挑选。

不管好坏，为了产生问题，除了查阅新近的文献，没有更好的处方或算法。特别是，计算机不能提出问题，因为设计、制造和销售计算机是为了解决提出来的问题，例如拟合一组给定数据点的曲线。在一次充满了能人的会议上，在倾听了斯坦尼斯拉夫·乌拉姆（Stanislav Ulam）对计算机的能力的颂扬之后，我问了他一个问题，这些令人惊奇的东西能否发明新的问题，他无言以对。他停顿了很长一段时间，最后承认他从来就没有想过这个问题。这就是原始数据和数据处理装置的能力。

半个世纪前，阿兰·图灵（Alan Turing）提出一个以他的名字命名的测试，即如何发现一个人的对话者是人还是机器人。后来人工智能方面的研究表明，图灵测试并不是万全测试。有另一种测试的方法：要求你的对话者提出一个新的有意思的问题。在这个测试中，计算机将会失败，因为它们被设计出来是按照算法运算，而不是提出那些需要发明的问题，特别是像根据行为来猜测意图的问题。这个测试因此是有关天然智能的问题，或者说，在那个数字箱子之外思考的问题。

1.2　问题的类型

像菲利普·弗兰克（Philipp Frank）这样的逻辑实证论者以及他们的批评者卡尔·波普尔（Karl Popper）都禁止提“它是什么？”这类问题。与此相对照，伟大的生理学家伊万·巴甫洛夫（Ivan Pavlov）（1927[①]：12）却认为这类问题例示了他称为**研究的反射**这种东西，因为它们引出了一个动物对环境变化的反应。确实，它们构成了存在性的难题，最基本的是，因为它们包括了“朋友还是敌人？”“安全还是危险？”“可吃还是不可吃？”这类问题。

确实，只有人或猿能够用符号语言同我们交流，或者计算机会用句子的形式表述问题。但这是一个有讨论余地的问题：关系最重大的是，动物不解决它们的存在性难题可能就生存不下来——除非它们是终身的哲学教授。

在生命之旅中问题的重要性是这样的，有人说，活着基本上就是解决问题。对于那些已经解决了生存问题的人，就是活在喜爱和不喜爱认知问题、评价问题或道德问题的情况下。我们中有些人问大问题，例如，“文明如何开始又为什么会开始？”，这些人被称为无畏的科学家。而少数人问最大的问题，例如“什么靠

① 中译本：《条件反射》，巴甫洛夫著，周先庚等译，北京大学出版社，2010年。

它自身存在？”“真理是什么？”“科学是道德中性的吗？”，这些人被称为哲学家。诸如此类的问题是跨学科的，而所有其他问题都是单学科的。

3

1.3 反问

大多数哲学家忽视了一些问题和它们的逻辑，这就是反问（erotetics）问题，它应该是无数原创性哲学研究计划的主题。下面几页将回顾作者关于反问的讨论，这大概是概述它的第一篇科学哲学论文（Bunge 1967b，vol.1）。

不管是哪一类认知问题，我们都可以区分它的如下几方面：（a）把问题的陈述看作是一个特殊的认识论范畴的一个成员；（b）提问题的行为——一个心理学主体；（c）用一组疑问句或祈使句来表达问题（语言学方面）。在本节中，我们将集中注意这些方面的第一方面。

从行为理论的观点来看，问题是问题—**探索**—解答—检验链条中的第一环。从逻辑的观点看，这第一环可以分析为如下的四部分：**背景**（background），**发生器**（generator），解答（solution）（如果它存在的话）和**控制**（control）——或简写为 BGSC。

让我们用天体物理学中的一个“热门的”例子来阐明前面的句子，即“什么是暗物质？”。我们可以把问题重新表述为“什么是暗物质 Ds 的性质 P？”，即（?P）Px，这里 x 指暗物质所有

可能的部分的类 D 的任何成员，而 P 是已知的和新的物理性质的合取。这个特定问题的 BGSC 成分如下：

背景 B = 当代天体物理学加上粒子物理学

发生器 G $=Px$，这里 $P=$ 一阶性质的合取

解答 S = 赋予任何暗物质 D 的性质 P 的簇

控制 C = 对一块暗物质的实验室分析或对暗物质发出的辐射（不同于光）的实验室分析

让我们以列举基本问题的形式来结束：

哪个－问题　什么是 x 从而 Px？　$(?x)\ Px$

什么－问题　什么是一块暗物质 c 的性质？$(?P)\ Pc$

怎样－问题　c 是 A，则 c 会怎样？　$[(?P)[Ac \Longrightarrow Pc]$

为何－问题　为什么 p 从而 q？　$(?p)(p \Longrightarrow q)$

是否－问题　什么是 p 的真值？　$(?v)[V(p)=v]$

逆问题　给定 B 和 $A \to B$，求 A。　$(A?)[A \to B]$

正 / 逆问题的区分可以总结如下：　4

正　**输入→系统→输出**

逆　**输出→系统→输入**

最简单的情况是，输入－输出关系是函数关系，它可以描述如下：

正　$x \to f \to f(x)$

逆　$f(x) \to f^{-1} \to x$

可是，大部分现实生活的问题是手段－目的型的，大多数问题有多个解，所以它们不是函数型的。

而正问题是往下流的，即要么从原因，要么从前提，到结果或结论；逆问题是往上流的，即从结果或一般原理到原因或前提。普通的逆问题是从统计结果，例如平均数和平均值的标准差，猜测一个概率分布函数。远非普通的逆问题是把一个通常的不整齐的版本的理论公理化（参见第七章）。

像大多数逆问题一样，公理系统有多个解。在这些解中作选择，基本上是从方便、兴趣和哲学方面考虑。例如，经验论者喜欢从电流密度和场强度开始，而理性论者宁可从电流密度和电磁势开始，因为后者暗含着场强度（参见 Bunge 2014；Hilbert 1918）。

所有预后问题，不管是在医学中或是别处，都是正问题。而诊断则是逆问题。例如，已经根据少量症状诊断病人患了某种疾病，再用进一步出现的症状来检验，这是一个正问题。但是医学诊断是逆问题。因此难得多，因为它是要从它的某些症状来猜测是什么疾病。

通常的逻辑和计算机算法都是设计来处理正问题的。逆问题需要发明特设的诀窍，这些问题有多个解，或者无解。例如，2+3=5，而相应的逆问题是要把 5 分析为两个整数之和，则有四个解。

因此，逆问题可以重新表述为，给定一个系统的输出，求出它的输入、作用机制或二者。那就是，知道或猜到 $A \to B$，以及系统的输出 B，求输入 A 或把 A 转变成 B 的机制 M。例如，给定一个命题，找到得出这个命题的前提；设计一个人造物，它会产生一种向往的效果；给定被一个原子核散射的粒子束，猜原子核的组成，以及散射力的本性（关于这项任务的陷阱参见，例如 Bunge 1973a）。

发烧可能出于无数的原因，而它的痊愈可能通过多重治疗而成功，这就是为什么生物医学研究和医疗实践是如此艰难（参见 Bunge 2013）。实际上，大多数逆问题都很难，因为没有解决这些问题的算法。这就是为什么大多数哲学家从来没有听到过这些。我关于这个主题的第一篇论文的审稿人拒绝了这篇论文，甚至承认他们从未听到过“逆问题”这种表达（Bunge 2006）。

最后，让我们问，是否有不可解的问题。1900 年左右，大卫·希尔伯特（David Hilbert）说，他相信，所有明确提出的数学问题原则上都可解，即使到今天为止尚未有解。这里我们不谈不可解的数学问题，因为它们是数学基础中的神秘问题，而且它们也没有使哲学为难。我们将限制我们自己指出某些似乎深刻的哲学问题不是很好地提出来是因为它们预设了有问题的背景。

这些问题中最老、最著名的是，“为什么有某种东西而不是什么都没有？”显然，这个问题只有在神学中才有意义，因为它假设上帝是万能的，在开始建立宇宙之前，有权利无所事事：如果他可以在闲暇中度过永恒，那为什么要用真实的存在去麻烦他呢？脱离它原初的神学语境，这个问题看来是个伪问题。因此它不可能激发出一个科学研究计划。在世俗的语境中，我们把世界的存在看作是理所当然的，而只问特殊的存在问题，例如，“为什么人的脚趾上有趾甲？”这是进化生物学家提出和回答的问题。当然，答案是，脚指甲是由手指甲演化而来，我们遥远的祖先的后腿是当手来用的。

6

人们时常忘掉所有问题都是在某种语境中提出的，如果语境证明是错的，那么那些问题也就消失了。让我们回忆这类游戏的两个例子。

伪问题 1：如果宇宙中的所有距离都突然缩短一半，会出现什么情况？答案有两部分：(a) 什么都不会发生，因为所有距离都是相对的，特别是相对于某个长度标准，而这个标准也会同其他距离一样收缩；(b) 既然在物理学中不知道有宇宙收缩的机制，所说的事件应该看作是一种奇迹，因此，虽可设想，但在物理学上是不可能的。

伪问题 2：我们发现下一只鸟是隼的概率是多少，或者我们遇到的下一个人是教皇的概率是多少？回答：既不限定在一个既定的生物类，也不限定在一个特定的房间，这是随机事件，所以这个问题应该加上一个句子，才是完备的，这个句子是：“在给定的总数中随机地挑出（鸟或人）。”没有随机性，就没有可应用的概率。结论是，除非明确地指出了问题的背景，否则就不要开始一个研究计划。

最后的警告：真正的认知问题不是语言游戏，玩语言游戏是为了玩弄或显示机智。这类游戏最著名的例子或许是说谎者悖论，它由如下的句子“这个句子是假的”提出。如果这个句子是真的，那么它是假的；如果它是假的，那么，它又是真的。

分解该悖论，要么是指出这个句子是把语言同元语言合在一起，要么是它并不表达一个命题，因为命题有确定的真值。

第一种解释警告不要有这种混淆，第二种解释提醒我们，只有命题可以赋予真值，因为称一阶逻辑为“语句演算”是错误的，唯名论者这样做，是因为他们怀疑不可观测的东西。总之，当陈述一个认知问题时，要避免无结果的悖论，因为真理不是玩具。

1.4　寻求研究问题

人们怎样找到合适的研究问题？回答取决于问题的类型：这是个生存问题吗，例如寻找下一餐的饭票；是技术问题吗，例如增加一个发动机的效率；是一个道德问题吗，例如如何帮助一个人；或者是一个认识问题，如发现黑洞如何产生或演化。

7

问题选择（problem choice）这个问题动员了心理学家、历史学家和社会学家。这些专家攻击托马斯·库恩（1977）[①]所说的“必要的张力”。一种是选择一种骗钱的作品，它会膨胀研究者的简历，却不会改变任何人的美梦；另一种是有风险的冒险，追求

① 中译本：《必要的张力》，托马斯·库恩著，范岱年等译，北京大学出版社，2004 年。

一种不确定的结果，它可能改变流行世界观的重要部分，就像法拉第（Michael Faraday）假设的那样，电荷、电流，以及磁极可以通过无质量的场相互作用，而不是直接相互作用。

第一类熟悉的例子是：找到一颗以前未知的但属于已知类型的天体，化学分析新发现的野生植物，以更高精度计算或测量一个著名的参数。与此相对照，寻求我们太阳系第九颗行星的证据、在一个新发现的考古遗址挖掘人类化石、探求更好的癌症治疗法，都是长期的有风险的计划。说它们有风险，是因为人们开始了这方面的工作，但同时害怕会浪费时间和资源而一无所成。

不用惊讶，在每一个人生之旅中，传统主义者总是远远超过革新者。可是，虽然也是真的，保守 / 创新的“张力”是短暂的，因为开创性研究计划的最初成功必然会吸引开创新传统的研究者的聚集。

有时，一位有成就的科学家正在尝试一种新的研究进路这样一条新闻也会有同样的结果，即突然聚集成百位年轻研究者从事同一个研究计划。这在 20 世纪 50 年代和 60 年代，在粒子物理学中就曾经发生过，当时，有几个月，某个新理论立刻变得时髦了。有些最雄心勃勃的计划吸引了特别有能力的研究者，即使他们未能得到预期的成果，这些计划仍然很时髦。弦理论就是其中之一。今天，这个理论就像老年的嬉皮士，仍然穿着厌腻了的牛仔裤。

可是，对保守 / 创新的区分最好是在有关问题刚刚被解决的时候。第一个课题人们应当解决的是关于问题的主要渊源，而这个课题在问题的类型学被提出来的瞬间就被暗暗回答了。例如，道德问题、政治问题和法律问题，只有在社会互动过程中才会产生。因此，鲁滨孙在遇到礼拜五之前没有感到有道德上的不安。一旦他们相遇了，他们两人都必须问自己，如何对待对方最好：作为朋友，还是敌人，或者都不是；作为竞争者，合作者，或者都不是——如此等等。

与此相对照，纯粹的好奇心引导我们问认知问题。例如，2的平方根能否用两个整数之比来表达；是否暗物质不同于那样的物质块，它们的构成原子已降到它们最低的能级；是否原始的活细胞可以很快在实验室中合成。

收集问题并把它们放入许多不同的盒子，或分为不同的类，这又引起了另一个问题，就是这些盒子之间，可能有什么联系。同这类问题相类似的问题是科学同技术的关系。这个课题的标准答案是科学产生技术，而技术反过来又提出科学问题，所以一个供养另一个。让我们简要地考虑四个最流行的答案，然后是第五个，即是否哲学也能与科学发生关系，有时帮助它，有时阻碍它。

迄今为止，关于上述课题，关于科学、技术和哲学的历史学家和社会学家的相应发现已构成一些孤立项目的混杂集合，它们有着如此多的问题。它们可以列为下述著名的项。

a. 什么导致“无理”数的发现，即那些不是整数之比（如2/3）的数？简短的回答是：想确证毕达哥拉斯（Pythagoras）的公设（即宇宙的基本构成是整数）的愿望。按照传说，他的朋友圈中的成员，胆敢争论这个猜测，证明2的平方根是无理数，那他就要被判处死刑。总之，他的研究计划，有一个哲学动机。

b. 为什么有些古希腊和古印度的思想家认为世界中的一切东

西都是一些基本的或不可分的东西的组合？或许因为木匠、泥瓦匠和其他一些工匠制造人造物时是通过组合或分开东西。那些人是深刻的思想家，不是只对日常生活问题感兴趣的问题解答者。与此相类似：元数学家不问一个计算的结果，而是询问是哪一类动物做计算。

9 c. 为什么埃拉托色尼（Erathostenes）怀疑行星地球的形状和大小？或许是，因为他好奇，并考察了某些指标表明我们的行星不是平的，例如西边的船似乎是下沉了。

d. 什么导致恩培多克勒（Empedocles）怀疑生物是进化的而不是固定不变的？或许他是被宗教怀疑论所引导，结合在某些山顶上发现的海洋生物化石。

e. 什么导致罗默（Olaf Rømer）在 1676 年设计他那天才的装置来测量光速，而当时一般认为光是以无限大的速率运行的？这可能是由于他对木星蚀的观察，在一年里的不同时间，当木星在两个不同的位置，木星蚀可以在不同的时间被看到。所以，光从木星到地球必定要花些时间。他的例子表明，一个研究计划是从一个惊人的观察开始的。而在 1820 年，约翰尼斯·弥勒（Johannes Müller）完全从纯粹的好奇心——亚里士多德认为是科学的主要源泉——出发，进行了神经脉冲速率的测量。

f. 为什么牛顿（Newton）作出平方反比的假说？如一个记日记者萨缪尔·佩皮斯（Samuel Pepys）所说，许多科学的业余爱好者习惯在一个咖啡馆中聚集，猜测我们的太阳系被一个未知的力拉在一起，常客之一提供了一笔巨额的奖金，奖给第一位提出可信解答的人。牛顿正好完成了第一个理论，这个理论允许精确地陈述这个逆问题，他通过把这个问题转化为正问题解答了它：假设连接行星与太阳的力是平方反比于它们的相互距离，计算行星的轨道。正是牛顿的这个伟大的逆问题，而不是休谟（Hume）的归纳问题，开创了理论科学的新时代。

g. 1688 年，医生弗朗西斯科·雷蒂（Francesco Redi）对流行的自然发生说进行检验，将一片肉给隔离起来。与预期结果相反，苍蝇没有出现，它们只来自生存在腐肉上的幼虫。以后三个世纪，拉扎罗·斯帕兰扎尼（Lazzaro Spallanzani）和其他人确证了这个结果：在那个时期，谚语"有生之物皆由卵出"就流行开来。唯物主义假说（自然发生说）认为最早的生命机体是自发地（没有上帝的帮助）由无机物质合成的，这个假说被认为是彻底证伪了。

10

h. 1862年，微生物学的奠基人路易斯·巴斯德（Louis Pasteur）曾努力去探求，微生物是否可以发展为更复杂的生命机体。为此目的，他做了一瓶无菌营养汤，并把它煮开了。这样，他无心地确知没有有生命的细菌活下来。不足为怪，显微镜的观察表明没有生命的迹象。再一次，人们认为这个试验杀死了自然发生的神话。那时候，没有人敢于分析巴斯德的实验设计。他成功地证伪了一个神话——有一段时期。

i. 1953 年化学研究生斯坦利·米勒（Stanley Miller）和他的导师，有经验的物理学家哈罗德·尤里（Harold Urey）从甲烷、氨、水和氢的混合物中合成了一些氨基酸和其他有机物质，这些混合物经受了放电，因为他们假设，原始的大气也是类似地带电的。确实，结果是不确定的，因为没有产生活的东西。但是，突然，生命的合成成为一个严肃的研究课题，而之所以这样做，是受到“生命可能确实是从无生命的前身涌现的”这样一个哲学假说的推动——而任何好的唯物论者都会做出这样的推测。

在一个多世纪以后，米勒 – 尤里的研究计划仍然在进行，即使他们的结果陷入了两种传统范畴**确证**和**证伪**的裂缝之中，如下图所示：

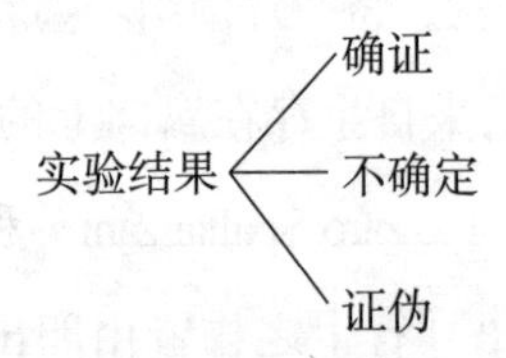

我们将在第三章回到这个问题。现在足以指出，标准的科学哲学，特别是确证论和证伪论，认为理所当然的是：（a）一切实验结果都是明确的；（b）实验是在相互竞争的假说之间进行仲裁的无可争议的裁判。显然，标准科学哲学的这两个基石都破裂了。假设只能说那些假说的“或然性”有大有小，并不能修复那些基石，因为赋予假说主观的（或私人的）概率是不科学的（Bunge 2008）。

11

1.5 问题体系

众所周知，问题有各种类型和规模大小。有认知问题和道德问题，有个人争论和社会争论，有科学技术之谜，有政治问题，等等。而且，问题要么是局部的，要么是系统的，它们可以由个别专家来解决，或者由多学科的团队来解决。

小问题要求使用在限定领域里发现的已知工具，而大问题要求进一步的研究，这可能需要突破学科的围墙。例如，一位有经验的正骨医生可以固定一块折裂的骨头，一个有关不可见实体的问题可能需要跨学科的研究。

另一组需要哲学上重要参与的科学问题是正/逆二分。所有的逆哲学问题中最著名的是归纳问题。它是从一组数据跳到一个普遍的概括。例如，给定一组分散的点，它们分布在笛卡儿坐标格点上，求一条把它们连接在一起的曲线。每一个学过微积分的学生都知道，这个问题的标准解答是詹姆斯·格雷戈里（James Gregory）在1670年发明的内插公式。这是一个 n 次幂的多项式 $f(x)$，它由一组 f 的 $n+1$ 个值加上平滑度假设而构成。

格雷戈里的公式只适用于对低阶变量的处理，例如弹簧秤的拉伸与荷载的关系（胡克定律）、把直流电路中电压同电流强度关联起来的欧姆定律。高阶的定律陈述，如那些在电动力学中出现的定律，就不能用归纳法求得，因为它们远远超越数据。

格雷戈里的曲线拟合法的开端既不是归纳法，也不是演绎法，它是一种发明——或者说是外展法，如查尔斯·皮尔斯（Charles Peirce）可能这样称呼过它的。只有当问题是这样提出的，即从一组数据找到一个普遍的公式，才可以用归纳法这样一个标题。

顺便说一句，今天格雷戈里的发明通常叫作牛顿-格雷戈里公式。这是马太效应的一个例子，罗伯特·K. 默顿（Robert K. Merton）研究过这个效应，它说的是，一个不知名的科学家，拉住一位著名的科学家，以表示他的发现的重要性。另一个很不重要的例子是，费恩曼-邦格坐标。

12

回到休谟，他很像是从未听到过所说的问题，更不用说格雷戈里的解答。波普尔也是，他在三个世纪以后，声称解决了他所说的“休谟问题”。要知道，格雷戈里的公式只是对处理低阶变量有效，例如弹簧秤的拉伸与荷载的关系（胡克定律）。高阶的定律陈述，例如那些在电动力学中出现的定律，是不能用归纳法解决的，因为它们远远超越了数据。

最艰难的问题是所谓的大问题，例如，有关生命起源的问题。如前面所说，1953 年，哈罗德·尤里和斯坦利·米勒开始接触到这个问题。他们从简单的分子诸如氢、水、甲烷和氨入手，没有合成活的东西，而是合成了核苷酸——DNA 分子的基本成分。所以，在 20 世纪 20 年代亚历山大·奥巴林（Aleksander Oparin）的勇敢和感人的工作之后，米勒和尤里在合成生物学中得到了第一个坚实的成果。在 1953 年同一年，在另一个未曾预料到的领域——分子生物学，弗朗西斯·克里克（Francis Crick）和詹姆斯·沃森（James Watson）也做出了贡献。这一突破，为在实验室中创造生命提供了另一种战略，即从高度复杂的有机分子（例如核苷）开始，而不是从简单分子开始。

这种新战略立即产生了若干激动人心的结果，例如哈尔·葛宾·科拉纳（Har Gobind Khorana）在 1972 年合成基因，克雷格·文特尔（Craig Venter）在 2010 年合成一种细菌的整个基因组。虽然合成生命仍然只是个希望，但没有生物学家怀疑这将在可预见的将来通过遵循由连接低层级的实体到日益复杂系统的途径而实现。

结论是，指出标准的科学哲学，特别是确证论和证伪论，认为理所当然的是：（a）一切实验结果都是明确的；（b）实验是裁判相互竞争的假说的无争议的裁判员。显然，标准科学哲学这两个基石都破裂了：某些实验结果是不确定的，而且一个研究纲领，尽管受到挫折，仍可以继续遵循，只要它得到一个强有力的哲学假说（例如自然发生说）的支持。

第二章　科学研究计划

科学家希望做的当然是原创性研究。因此，从许多方面来讲，研究计划是发展中的科学单元。科学家希望对科学文献做出贡献的原创出版物，是走向科学家的特殊活动高峰的手段，也是奖励科学家工作的手段。因此，所有研究科学的学者对科学计划应该具有特别大的兴趣，特别是科学哲学家、科学史家和科学社会学家。

下面我们将特别关注研究计划的最初评价——评审人的特殊任务，并强调他们的科学地位问题——科学看门人的主要关注点。过去，这种考察的目的主要是保护纳税人免受骗子和不够格的业余爱好者（例如永动机的发明者）的蒙骗。

近来，有关某些最有威望的和得到最大量资助的研究计划，类似的问题也浮出了水面，即关于弦理论和平行世界的幻想。确实，它们的某些信徒声称，这些理论是如此漂亮，充满了高级数学，它们应当免受经验的检验。正如狄拉克（Dirac）有一次说过，“漂亮的数学”，那就够了。

本书力求强化的这种要求，引起了著名宇宙学家乔治·埃利斯（George Ellis）和约瑟夫·西尔克（Joseph Silk）（2014）的猛烈反驳。确实，我们将试图表明，经验的可检验性是必要的，虽然对这项工作够得上科学这一点是不充分的。同要么可确证性，要么可证伪性是科学的标志这种流行的主张相反，我提出最可靠的科学性指标是精确性同可检验性和同以往科学知识总体的相容性的结合。确实，通常的科学看门人，诸如期刊的审稿人和资助机构的评审人，都不要为那些不精确的猜测、不可检验的东西浪费时间，不要违反所有的众所周知的知识。 14

最后，本章也可以看作是对现在流行的关于科学价值的定量指标（例如科学成果率的 *h* 指标，参见如 Wilsdon 2015）可靠性的争论的一种间接贡献。可是，我们将只接触研究团队的社会学、政治学和经济学：我们关注的焦点是通过研究获得和评价新的科学知识。

2.1　科学家执行研究计划

所有有活动力的科学家在一个时期至少执行一个研究计划。在基础科学和应用科学方面，任何这样的计划的最终目的是要找到新的真理或新的程序；在技术方面，是找到新的有用的人造物。当发现是有意思的但同原来的目标相差很远时，人们称这是幸运的发现或发现的运气——就像弗里德里希·维勒（Friedrich Wöhler）在 1828 年试图从一氧化碳和氨基类化合物中获得氰酸铵，结果却合成了当时认为只有在生命机体中才有的尿素。[关于发现的运气（serendipity），参见 Merton & Barber 2004]

任何时候，研究者亲手从事他们喜爱的计划，放手让博士生或做博士后的学生做若干别的计划。通常，每一个这样的计划由政府机构或私人公司根据主要研究者提出的研究申请书加以资助。假如研究计划通过了一组专家的审议，授予计划的研究经费就由个人、团队或研究所来使用。这种审议的关键之点是原创性、可靠性、计划的可行性，以及计划提交者的能力。有严格判断力的评议组不会通过理查德·道金斯（Richard Dawkins）的自私的基因那种幻想，或者诺姆·乔姆斯基复活的先天知识那种教条，或者史蒂芬·平克的社会地位是在基因组中的那种命题（2002）[①]，因为这些意见都不是从发育生物学或实验心理学的任何研究计划中产生的。对于信息加工心理学家、社会生物学家、流行进化心理学家、多世界宇宙学家和另类医学从业者的疯狂思辨，也应同样对待。

15 没有进行中的、有很好基础的科学计划，就不存在活生生的科学。这就是为什么基础不好的研究计划通常在提出申请后就失败了——即使对此没有一致意见，这将在下面讨论。有经验的研究者的劝告也有同样的考虑，即在写资助申请时，要像写最终的有关发现的报告那样，给予同样的重视。

有人随意地这样说，一年有四到六个星期用来写资助申请，这是研究者真正苦思冥想的时候，一旦问题表述了，解决问题的手段也要确定并组合起来，其余的事多少就是复杂的惯例。布丰（Buffon）有一段谈论天才的著名的话，它的意思就是，计划的观念需要灵感（inspiration），而它的执行只需要汗水

① 中译本：《白板》，史蒂芬·平克著，袁冬华译，浙江人民出版社，2016年。

(perspiration)。但是，当然，研究也表明，原创性的计划，一开始就要反复做，反复思考，甚至夭折。

2.2 研究团队

迄今为止，我们还只讨论了科学研究计划的内在价值。制度方面就很不同，我们只能简略地处理：一个拙劣但写得很好的计划可能得到资助，而一个重要但写得不好的计划可能被资助机构否决。令人遗憾的是，关系和政治在评审和处理研究申请报告时仍起作用。

稳妥起见，资助机构应当不仅看计划，也要了解申请者的经历记载，被要求做评审的专家的立场，以及一些与之竞争的计划的价值。如果一个计划没有竞争者，这可能是要么这个计划有很高的原创性，要么是自我吹嘘的骗子行为；而如果它有许多竞争者，那它可能要么是热门话题，要么是时髦的幻想。

大多数由研究团队写出的科学论文声称“所有团队成员都做出同样的贡献”。只有极少数揭示了全部真相：团队领导 A 构思了计划，他的合作者 B 做了具体计划，C 开始执行计划，D 发展了关键方法，E 收集并准备了材料，F 收集了数据，G 加工处理了数据，H 帮助操作，实验室管理员 J 照顾琐事，K 提供有价值的劝告，而 L“根据所有作者的贡献”写出论文。

换句话说，**研究团队作为一个整体执行了主要研究者构思的** 16

计划。科学劳动分工这种技术上的好处，同它心理上和社会方面的缺陷一样都是明显的——通常只有领导和他/她的亲密合作者能全面掌握整体的计划，而助手可能感到被边缘化，因为他们是可替代的。

团队工作和团体之精神对任何研究计划富有成果的工作当然是必不可少的，但是，同任何合作团队一样，它不应压制竞争，它应当鼓励批评，特别是建设性的批评——这项工作不能信任计算机，因为计算机的程序设计是要它们执行命令，而不是对命令提出疑问。

在对科学整体做研究时，这些通常被认为是理所当然的，在后现代主义者猛攻合理性和客观性之后，情况就不同了（参见 Barber 1952①；Merton 1973②；Worden *et al.* 1975；Zuckerman 1977③）。可是，现在让我们回到研究计划的认识论考察。

2.3 研究计划的概念分析

研究计划的概念，可以分析为如下顺序的十个方面。

① 中译本：《科学与社会秩序》，伯纳德·巴伯著，顾昕译，生活·读书·新知三联书店，1992年。

② 中译本：《科学社会学》，R.K. 默顿著，鲁旭东等译，商务印书馆，2003年。

③ 中译本：《科学界的精英——美国的诺贝尔奖金获得者》，哈里特·朱克曼著，周叶谦等译，商务印书馆，1979年。

Π=〈哲学，背景，问题，领域，方法，

材料，目的，计划，结果，影响〉，

其中

哲学＝一组哲学前提，例如默认的假设，正如巴尔扎克（Balzac）有一次说，花在植物学之前出现；

背景＝相关的现存知识的总体，例如在当前的科学心理学中的神经科学；

问题＝要填充的认知空洞，例如暗物质的性质；

领域＝指称类或对话域，例如动物学中的动物区系；

方法＝所用的方法（例如，意守丹田、试错法、修补、数学建模、测量、实验、计算或档案搜索）；

17

材料＝要处理的天然物或人工物（例如，药物、动物、植物或测量仪器）；

目的＝正在从事的研究的目的（例如发现一个新事物、性质或过程，形式化一个理论，或检验理论）；

计划＝行动过程的简述，从问题陈述到成果检验到可能的影响评估，诸如用“绿色”过程或产生类似结果的清洁过程来取代目前污染的工业过程产生的利益；

结果＝研究发现的输出，例如在药物学中一种更有效的新药物；

影响＝结果对其他计划或甚至整个学科的可能影响，例如，对过去经济危机的研究对经济政策的设计的（不一定有希望的）影响。

下面的一些例子有助于阐明前面的简述。

例 1："新视野"号深度空间探测（2006；2015）。问题：神秘的冥王星在近距离看是什么样子？它是单个天体还是一个天体的系统？哲学前提：冥王星和它的伙伴都是太阳系中的物体，以及通过科学研究是部分可知的。背景知识：当前的行星天文学、地质学和气候学。领域：冥王星六体系统。方法：（a）计算冥王星和空间飞行器的轨道；（b）对大气的天文观察和光谱分析；（c）设计并建造一个在九年内飞行 2 万亿公里的空间探测器。目的：（a）增进我们的天文知识——一个基础（非营利的）研究项目；（b）检验一个长期飞行并装载了复杂又坚固的仪器的空间飞行器——一项先进技术研究。计划：列举各项操作，包括预算、招募人员和组成三个团队，肩负并执行如下任务：技术团队处理空间探测器和确定它的轨道，科学团队致力于执行、评价观察和测量。

18

例 2：搞清楚对大脑的解剖学效应的时间窗口，例如，早期学习一个复杂的但算法简单的课题（如欧几里得几何）的解剖学效应，或学习一个算法丰富的课题（如无穷小微积分）的解剖学效应。哲学前提：一切精神事物都是大脑的。背景知识：目前的认知神经科学。目的：（a）增进我们对学习留在大脑上的痕迹的知识；（b）警告教育科学家关于负面学习经验（如责罚和只看重考试结果）的持久影响。计划：列举如下操作，如预算、组成和招募执行任务的团队。

例 3：对应于当前在药物实验室进行的污染和浪费（"棕色"）生化反应，设计一个"绿色"生化反应。这是一个既有应用科学又有技术研究的例子，因为它寻求新的知识，但又涉及人工产品的设计——先进技术的套壳——并且它提出了对经济、健康和环境的关切。

同流行的见解相反，我们一再断言，科学研究有许多哲学前提。它们如图 2.1 所示。

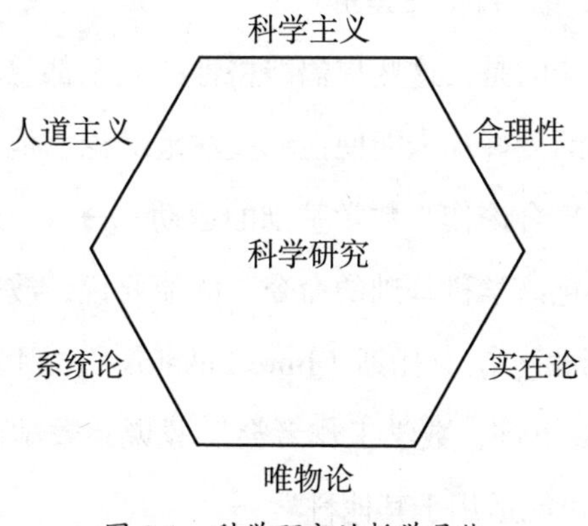

图 2.1　科学研究的哲学母体

2.4　研究纲领：成功的，失败的，二者之间的

19

一个**研究纲领**可以被定义为一束研究计划，它们具有共同的理论、哲学和目的，而原来却可能是在不同的学科内研究的。在数学中，最著名、最富有成果的明确的纲领是爱尔朗根纲领，旨在揭示所有几何学的代数基础，特别是群论基础。第二个成功的数学纲领是大卫 · 希尔伯特努力通过用集合论的术语重写一切可能的东西，并公理化所有现存的理论来增进形式的严格性。

著名的布尔巴基群体从希尔伯特遗留的地方出发，由于他们试图揭示各个独立发展的数学分支之间的连接，并强调它们的集合论基础，从而引起了一阵轰动；可是，有人谴责布尔巴基把数学教学变成烦琐的形式化练习，而丧失了启发性的支柱。在 1960 年左右，我曾听到该学派的代言人让 · 丢东纳（Jean Dieudonné）大叫“**打倒三角形！**”

有讽刺意味的是，这些提倡严格性的人全都忽视了逻辑，而他们对新奇性的爱好却未能使他们关注范畴论，他们没有注意到用范畴论取代集合论作为数学基础的运动——这一运动符合希尔伯特的保持深化该学科基础的命令。顺便要说，波普尔应该感谢他的助手伊姆雷 · 拉卡托斯（Imre Lakatos），“因为他证明了数学没有基础”。也许，数学工作者会反驳说，数学没有**最终的**基础——而这也可能适用于其他科学。

关于事物的最早研究纲领或许是古代的原子论，它试图用空间中做无休止运动的原子来说明一切。两千年后出现了近代的机械论，从笛卡儿（Descartes）到 19 世纪中叶，它试图用**图和运动**——如笛卡儿所说的——来说明一切。这个纲领十分成功，特别是在牛顿和欧拉（Euler）之后，因为它运用数学术语，提出了许多新实验和人工物，吸引了自然科学和数学中最好的头脑。

机械论不能把电磁场、化学反应和生命过程还原成机械过程。然而，在同化学主义融合以后，机械论——或者更好是说物理 - 化学主义——证明在生物学中比活力论远远更为成功。而生理学家和心理学家雅克 · 洛布（Jacques Loeb）做了实验来揭穿目的论和自由意志假说，在 1912 年发表了著作，大声宣扬**生命**

的机械论概念。

在 1847 年，扩展机械论的需要已十分明显，当时五位卓越的研究者，以突出的赫尔曼·亥姆霍兹（Hermann Helmholtz）为首，发表了“机械论”（实际上是物理 – 化学主义）纲领的宣言。这个纲领的要点是，自然界的一切能够并应该只用物理学和化学来说明这样的本体论和方法论命题。生物学中不能容忍**活力**（*vis vitalis*）、**建构力**（*bildende kraft*），甚至目的论，因为这些唯灵论遗迹既不属于物理学，也不属于化学。

在宣言上签名的五位科学家——恩斯特·布鲁克（Ernst Brücke）、爱弥儿·杜波依斯 – 雷梦德（Emile Dubois-Reymond）、赫尔曼·亥姆霍兹、卡尔·路德维希（Carl Ludwig）和弗里德里希·施旺（Friedrich Schwann）——的唯物论被自我标榜为科学唯物论者的路德维希·毕希纳（Ludwig Büchner）、雅科布·莫尔肖特（Jakob Moleschott）和卡尔·福格特（Carl Vogt）简化并通俗化了。这三位是二三流的科学家，但却是很知名的作家。该宣言对生物学及相关学科有直接和积极的影响，但它却被那些受康德（Kant）或黑格尔（Hegel）催眠的哲学家忽视或攻击。

马克思（Marx）和恩格斯（Engels）称这些作家为“庸俗的（或愚钝的）唯物主义者”，正因为他们不利用黑格尔的辩证“否定”“扬弃”（即否定之否定），或“对立面的统一和斗争”。马克思中断关于经济理论的工作，写了整整一本书来反对福格特教授，后者既是一位受人尊敬的动物学家，也是拿破仑三世的代理人。

另一方面，马克思表扬路德维希·费尔巴哈（Ludwig Feuerbach）

（1947），他是一位二三流哲学家，当德国科学正突飞猛进时，他仍在苦攻神学和黑格尔。后来他宣扬“生理学唯物主义”，但从未超越纲领性阶段。马克思正确地反对用生物学来说明社会变革，因为社会变革太快了。今天的西方马克思主义者仍然推崇费尔巴哈，忽视霍尔巴赫（Holbach），忽视自然科学和生物社会科学的唯物主义核心。

毕希纳 1855 年的著作《力和物质》立即取得了销售的成功，而且超过一个世纪仍在出版。这本通俗著作对唯物主义扩散的贡献大于辩证唯物主义。

21

现在，物理化学主义纲领在生物学中的巨大成功是很明显的——如果我们忘掉了涉及非物理的历史概念的进化生物学。不太为人所知的是，它们的成功，大部分不仅是由于它坚持了科学方法，而且是由于它也坚持了唯物主义。活力论仍然依附于像直觉主义这样的落后哲学，而活力论是唯灵论的一部分。

然而，有讽刺意味的是，活力论仍然有生命力，例如，有一个流行的命题，说生命过程都是有目的导向的，尽管诺伯特·维纳（Norbert Wiener）和他的伙伴首倡的控制论假说认为，目的论的出现，正是生命机体或人造物中的负反馈或控制装置的结果。维纳未能认识到这个说明是唯物主义的胜利，因为他相信物质概念已被能量概念所替代——仿佛能量可以是不同于一个物质的东西 θ 的性质，那么，显然，对于东西 q 的能量，可以写为，例如，$E(\theta, f, u)$ = 实数，对于参照系 f，用单位 u（例如电子伏特）来量度。

下一个伟大、成功的科学纲领是达尔文主义，这是 1859 年提出的，并鼓舞了一种全新的世界观。这个纲领在 20 世纪 30 年代由于进化概念同遗传学的综合而得到很大的加强，到 1953 年由于克里克和沃森发现 DNA 结构而到达顶峰，从而开创了分子生物学。

化学主义的这一胜利不可避免地导致遗传决定论的产生，它的命题就是“基因组就是命运”。通俗作家理查德·道金斯利用克里克－沃森革命提出了他的“自私的基因”的幻想（1976）[①]，这涉及一个错误的假设，即认为被选择的不是整个生命机体，而是它们的基因组；生命机体只是一个基因在［何种？］世代之间的漏斗，而环境只是一个筛子。

“自然”（遗传）战胜“培育”（环境）的想法正在某些学派中进行讨论，尽管提出了存在生命机体“悖论”（道金斯语）。新近出现的表观遗传学表明了基因组对环境刺激的脆弱性，甚至遗传物质中某些化学变异的可遗传性，这是遗传决定论的棺材上最后一颗钉子，但哲学家还没有注意到这一点。

22

可是，进化生物学仍在成长，并与其他生物学科相融合，主要是生态学（生态－演化论）、发育生物学（演化论－发育生物学）和古人类学。道金斯也参与了失败的流行进化心理学纲领，这是社会生物学的继承者——爱德华·O. 威尔逊（Edward O. Wilson）的卓越而有缺点的智力产儿。所有这些计划都试图用社会——自私和利他主义、一夫一妻制和一夫多妻制、种族主

① 中译本：《自私的基因》，理查德·道金斯著，卢允中等译，吉林人民出版社，1998 年。

义和语言、自由市场和垄断、合作和战争——来说明一切，作为有用的适应。可是，进化心理学家还加了一个附带条件，说人从更新世末以来就没有进化，所以我们还是“行走的化石”（Buss 2015）。

这些现代神话的发明者并没有拿这些幻想来加以检验的想法，因为它们并不是科学的研究计划（Pievani 2014）。似乎每一次革命，不论是政治革命还是文化革命，都会引起一次反革命。

另一个杰出的纲领——这回它是一个成功的纲领——是试图实现希波克拉底的猜测，即一切精神的东西都是大脑的而不是心灵的。从唐纳德·赫布（Donald Hebb）的有发展前途的《行为的组织》（1949）出版开始，几乎心理学中所有的重要发现，特别是许多精神过程的定域化和相互依赖——从知觉到发明，从焦虑到道德困境——已经成为许多心理神经一致性纲领的成功。

与此相对照，起源于大脑是计算机这种观点的信息加工心理学并没有说明任何精神过程，也没有对任何关于精神疾病治疗的设计起指导作用。心理学中数字纲领失败的一个主要原因是完全忽视了脑科学。脑科学已经证明高等脊椎动物的脑有诸如自激活和侧抑制等功能，而身体的其他器官就没有。总之，数字心理学是一个失败的纲领。

这个失败应该从一开始就预见到，因为数字研究纲领不包括实验，而且违反了外部一致性条件，在这里是与脑科学不相容的。

23

最后，有一个社会研究中的理性选择纲领，它从1870年左右起就是主流的教义。各种理性选择理论，从标准的微观经济学到伦理学，它们的主要假说是，一切社会的东西，都源自自由的个人决断，而这些决断是被最大化某行动者的期望主观有用性或利益的愿望——一个行动的有用性同它的概率的乘积——所引导。这些想法的持有者忽视了针对他们的许多批评，从缺乏主观（或个人）概率和有用性这些关键概念的严格定义，到它的预测能力的贫乏和缺少实验的控制。

总之，理性选择纲领和遗传决定论纲领尽管失败了，但仍继续流行。与上面这些相同的还有弦理论、多宇宙的幻想，和“物质源于比特”（it-from-bits）的夸张。所有这些失败的研究纲领的共同点是，它们缺乏实验的支持，并违反了外部一致性的条件。一句话，它们的失败是由于它们不是**科学**研究计划这一事实。有讽刺意味的是，弗洛伊德（Freud）早期的生物心理学纲领是科学的，但他甚至没有试图去对此进行研究。他的辩护者仍然提到这一失败，试图证明弗洛伊德基本上还是一位科学家。与颇为流行的意见相反，精神分析不是一门失败的科学，因为它从未涉及科学研究。但不能否认，它对临床心理学、通俗社会研究和文学都有巨大且负面的影响。

最后，是**年鉴**学派，它在1930年左右到1990年左右在法国繁荣过，是自14世纪伊本·赫勒敦（Ibn Khaldûn）以来最深刻、最有雄心和最成功的编史学纲领。实际上，《年鉴》的目的不亚于尝试用**通史**来取代对孤立的政治、军事和朝代的事件的枯燥描述，这些事件忽略了缓慢而激进的社会变革。虽然这个学派在1991年随着苏联的瓦解几乎在一夜之间就瓦解了，它的系统哲学，费尔南·布罗代尔（Fernand Braudel）在他的不朽作品《地中海》(1949)[1]一书中进行了实践，在这里同1848年马克思所宣称的经济全球化同在。幸运的是，西班牙历史学家约瑟夫·方坦纳（Josep Fontana）(2011）继续了《年鉴》的工作。

2.5 真正的科学与伪造的科学

有经验的科学研究者理所当然地相信他们要评价的或从事研究的研究计划是真正科学的，而不是一门伪造的科学。事实上，科学作伪不是经常有的，如今，大多局限于生物医药科学领域——或许是因为学医的学生没有被训练成为科学家，而他们的导师则受到“要么发表，要么发臭”的压力。

让我们简要地回顾新近三个最有名的作伪事件。其中一个是1988年，雅克·本维尼斯特（Jacques Benveniste）和他的团队宣称顺势疗法有效，因为以前溶解于其中的水记得那些活性成分。一年以后，马丁·弗莱希曼（Martin Fleischmann）和斯坦利·庞斯（Stanley Pons）宣称他们在厨房里实现了冷核聚变。二者都是自我欺骗和垃圾科学的例子。世界上居然有成百个实验室宣称它们成功地重复了弗莱希曼－庞斯的惨败，真是从何说起?

与此相对照，马克·豪泽（Marc Hauser)，诺姆·乔姆斯基

① 中译本:《地中海与菲利普二世时代的地中海世界》，费尔南·布罗代尔著，唐家龙等译，商务印书馆，2013年。

的合作者，承认了有意作伪。事实上，在 2014 年，他被迫辞去哈佛的教授职位，因为当时他承认故意修改了他在认知和道德生物学中有关非人的灵长类动物的实验结果——有意支持乔姆斯基的论断，即灵长类的发声不受社会反馈的影响，而人类的语言同非人的灵长类间的交流无关。（关于狨猴发声的实验结果，参见 Takahashi *et al.* 2015）

根据我们以往的知识，顺势疗法（或者水记忆）的发现**必然**是伪造的。有两个理由：（a）因为稀释程度是 10^{120} 个分子中一个分子这样的数量级，相当于银河系中一个分子——一个无效保证；（b）因为没有人提出过这种记忆的可信机制，更不用说发现这种机制了。这两个理由把这个幻想放在了科学边缘之外。

水记忆和冷聚变二者的彻底失败，似乎是由于对科学方法的无知，而不是来自坏的信仰。毕竟，这种无知在科学界内颇为盛行。事实上，大多数科学家并不总是批判性地且富有成果地思考，而是使用某些标准的技术，如显微镜、脑成像或计算机程序。他们中的大多数满足于得到更清晰的图像或更精确的数值。只有圣地亚哥·拉孟·乌·卡加尔（Santiago Ramón y Cajal）有勇气去通过察看死的神经网络（这是高尔基染色法所揭示的）猜测——啊，正确地——神经流的方向。

25

结论是，伪科学的主要特征如下：

（a）他们落后于时代，并且不从事科学研究，所以他们从来没有提出新的可信知识——与每星期都产生新知识的科学相对照。

（b）它们是派系的财产，该派系的成员从来不在同行评议的期刊上发表文章，或者在公开的会议上相遇。

（c）他们可以在很短的时间内学会，因为他们对同样的问题总是做同样的回答，而学习任何科学，要达到作为科学共同体的成员的水平需要多年的训练和做艰苦的学徒。

（d）他们有虚假的或甚至是夸张的哲学前提，例如“心灵支配物质的权力”。

（e）他们走死胡同，而不提出新问题或新方法。

（f）他们的大多数为私利而工作，而不是为了人类的利益。

（g）他们中的若干人有害于个人——例如在另类医学中——或者甚至整个人类，例如某个过时且反社会的经济教条，它为使整个人类贫困的社会政策辩护。

2.6 公认的科学观

我们最终持一种观点，要攻击本书的主要目标，即庸俗的科学工作观。这种观点相信，科学研究正是常识与严格的逻辑、仔细的观察或计算，和诚实的报道的组合；它总是数据驱动，不要好奇心，也不要预感驱动；它没有哲学基础；它的结果可以浓缩为简单的公式、整洁的图表或可靠的技术报告。

托勒密（Ptolemy，公元 2 世纪）或许是古代最伟大的天文学家和日心假说的坚强的批评者，强调整个科学实践，从观察对象到最终的假说，必须限于现象，即外观，因为任何超越它们的东

26

西都是思辨的，因此在科学之外。总之：他的口号是：**坚持外观**（参见 Duhem 1908）。

这种观点当然是**现象论**，激进经验论的同义语——他们的命题、知识实质上是经验的。这是庸俗的认识论，以及这些著名人物，如休谟、康德、孔德（Comte）、马赫（Mach）和逻辑实证论者的知识论，也是量子论的哥本哈根诠释的信徒的知识论——他们声称只与可观测的东西打交道。

在陈述宇宙是现象的集合（本体论现象论）或只有这些是可知的（认识论现象论）时候，一位逻辑一贯的现象论者不能理解汽车后视镜上附上的警告："镜上的对象比它看起来更近。"因此，现象论是危险的，它立足于虚假之上。

现象论者也不能理解为什么神经科学家和心理学家花那么多时间来研究那个把感觉输入转化为现象的器官，即大脑。他们也不能理解为什么从伽利略和笛卡儿以来的实在论者要强调现象/真实的区分和第二性质/第一性质的区分。

此外，现象论者是人类中心论者，因为他们表示，只同外观打交道，那就是说，只同发生在人脑中的事实打交道。但是，这些器官只存在于世界的一个小地区内，而且，它们是后来者。因此，康德的断言，世界是外观的总和已被进化生物学所证伪，因为，按照进化生物学，有知觉的生物是在约二十五亿年前才出现的。

然而，现象论在物理学界仍然活得很好，在那里参照系时常被错误地等同于观察者，因此，"参照系依赖"就同"观察者依赖"相混淆，而动力学变量称为"可观察量"——如果可观察性可以被判决，尤其是，似乎它是事实项的内在特征，而不是一个关系项。

后者是如下事实提示的一个例子，即，如果给予压力，任何实验家都会承认表达式“变量 V 是可观察的”就是“性质 V 是用这些手段在这些条件下可观察的”。所说的手段不仅是像望远镜那样的仪器，而且也包括像测量仪器的指针那样的指示器，或者是几百万年前活着的生命机体留在污泥上的轨迹。只有进化论者能够“看到”（猜测）在农民的狗掘出的老骨头中有一块化石。

27

在研究心灵和社会时，现象论被称为**行为主义**，因为它鼓励学生把他们自己限制在只观察他们的对象的外部行为，而不考虑他们的精神过程，诸如情感、意向、动机、评价、决定和计划。毫无疑问，行为主义得到了一些有价值的发现，如伯胡斯·斯金纳（Burrhus Skinner）这样严格并有想象力的研究者在实践中所得到的，但这些发现的大多数也提出了产生可观察行为的大脑机制。

最坏的是，由一些缺乏科学训练的个人来观察外部行为产生了像布鲁诺·拉图尔和斯蒂文·伍尔加（Steven Woolgar）所写的《实验室生活》这样的著作（1979）[①]，他们为了写这本书，花了一年时间，观察一个分子生物学的团队。因为他们不理解他们的对象研究的科学问题，所以他们把自己局限于记录这些琐碎小事，如做观察、照相、在休息喝咖啡时闲谈。

为了使这些平凡的观察有意义，拉图尔和伍尔加编出了可笑的故事，说搞科学（doing science）变成了登记、谈话以求获取权力，而在此过程中，“科学家建构事实”而不是研究事实。而

① 中译本：《实验室生活——科学事实的建构过程》，布鲁诺·拉图尔等著，刁小英等译，东方出版社，2004 年。

这还不够，他们的书使作者立即获得了“书店名人”的称号。他们理应获得这种名誉：因为他们使得建构主义 – 相对主义重新成为热门，这是古老的主观唯心论和时髦的后现代主义的主要成分。事情之所以如此简单化，是因为它使每个人皆可理解。（进一步的批评参见 Bunge 1999a，2011；Sokal & Bricmont 1997）

2.7 现象论阻碍了知识的进展

现象论阻碍知识的进展，因为它提倡激进地缩小事实和性质的领域，也就是说，事实和性质都是依赖于观察者的，而真正的科学是与个人无关的。为了认识这一点，回忆一下科学史上若干界标就足够了。

2.7.1 日心说

28

观测表明，世界，特别是我们的恒星，它们的轨道都围绕我们的地球。谁只要接受了托勒密的劝告，坚持只看外观，那就必定采纳太阳系的地心模型，因此，她 / 他将拒绝日心模型。日心模型通常归功于科罗顿的菲洛劳斯（Philolaos of Kroton，公元前 5 世纪）和萨默斯的阿里斯塔克斯（Aristarchos of Samos，公元前 3 世纪）。这个假说一直被埋葬着，有少数知道它的人也拒绝它，直到很晚，才被哥白尼（Copernicus）、伽利略、开普勒

（Kepler）、惠更斯（Huyghens）和牛顿拯救出来。

牛顿第一个说明为什么行星**必须**围绕太阳转而不是其他方式：因为行星的质量小得多，它们被太阳的引力所主宰。1600年左右的天文观察并没有精确到足以拒绝地心模型，在此基础上，它与常识和《创世记》一致。所以有对伽利略的审判。

只有到1700年左右，才扫除了对日心说的最后怀疑。但是，被科学追逼的现象论到乔治·贝克莱（George Berkeley）的哲学（1710）①中避难，他的激进的现象论受到休谟（1748）②和康德（1787）的欢迎，他们又依次鼓舞了从孔德到马赫，再到维也纳学派（20世纪20年代中期到1938年）和统一科学运动（1938—1962）。

顺便说一下，这个有趣的运动的两个卓越成员菲利普·弗兰克和汉斯·赖兴巴赫（Hans Reichenbach）声称，既然运动是相对的，所说的两个模型因此是彼此等价的。他们忽视了以下这个事实，即我们的地球只是八个行星之一，行星都在太阳的引力场中，太阳的引力场的强度使得它成为行星系的主宰成员。此外，他们两个都未能认识到，实证论，由于它的现象论，是以主体为中心的，因此很自然地同情地心说。他们也没有认识到，在这方面，他们同他们的大敌，胡塞尔（Husserl）的现象论（或唯我论）属于同一党派。

大约在20世纪60年代和20世纪70年代，同样的主体论由建构论者–相对主义者复兴了，他们仿效库恩–费耶阿本德政

---

①中译本：《人类知识原理》，乔治·贝克莱著，关文运译，商务印书馆，2010年。

②中译本：《人类理智研究》，休谟著，吕大吉译，商务印书馆，1999年。

变，劫持了科学社会学。这些后来者主张，科学家没有发现任何东西，而只是发明他们的对象，尤其是借此来增加他们的“社会资本”或者甚至他们的政治势力（Latour 1987）[1]。

2.7.2　原子论

29

古代原子论，留基伯（Leucippus）和德谟克里特（Democritus）发明的世界观，被伊壁鸠鲁（Epicurus）所完善，卢克莱修（Lucretius）把它写成诗歌，是严肃的唯物论臆想——以及一种颇为流行的世俗意识形态的核心——的另一个胜利。虽然它缺乏经验证据，但是古代原子论说明了阳光中尘埃粒子的随机运动以及某些不可感知的过程，诸如受阳光照晒的湿衣服和帆变干燥，而它的竞争者却留在暗处。

希腊原子论吸引了若干早期的近代人，如托马斯·霍布斯（Thomas Hobbes），因为它比经院学者的玄奥力量更为光亮。但是因为它缺乏经验的支持，这个理论仍然留在科学之外，直到1738年，丹尼尔·伯努利（Daniel Bernoulli）建立气体的运动学理论时才拯救了它。在1810年左右，约翰·道尔顿（John Dalton）和琼斯·雅各布·柏齐力乌斯（Jöns Jakob Berzelius）、阿美帝奥·阿伏伽德罗（Amedeo Avogadro）独立地——后来有斯坦尼斯劳·坎尼扎罗（Stanislao Cannizzaro）——提出化学组成和化学

① 中译本：《科学在行动：怎样在社会中跟随科学家和工程师》，布鲁诺·拉图尔著，刘文旋等译，东方出版社，2005年。

反应的原子解释。而差不多同时，黑格尔、费希特（Fichte）和谢林（Schelling）正吐出他们夸张的**自然哲学**。（关于对自然哲学的批评，参见 Bunge 1944）

有讽刺意味的是，道尔顿认为他自己最伟大的成就是他的气象日记，他坚持了五十七年，希望按照占据统治地位的归纳法方法论找到一条气象定律。但是，当然，道尔顿的荣誉不是来自他小心的天气观察，这没得出什么结果，而是来自他的大胆的原子猜测，如他关于水的组成的分子式，即 HO——真正的分子式 H_2O 的不坏的一级近似。

然而，甚至在1871年以后，当路德维希·玻尔兹曼（Ludwig Boltzmann）把热力学还原为统计力学之后，物理学家仍然对原子有怀疑。在 1827 年，植物学家罗伯特·布朗（Robert Brown）观察到了花粉微粒在水中的随机运动。但是，只有让·佩兰（Jean Perrin）在 1908 年做的有关的实验工作，才迫使大多数物理学家猜想这些痉挛式的运动是由于水分子对花粉微粒的随机碰撞。他的工作之所以可能，是由于爱因斯坦（Einstein）三年前发表的理论论文，它告诉实验家们去测量**什么**，即粒子在给定时间间隔内的平均平方位移。

30

从那以后直到我们今天，原子论的进步令人头晕目眩。回忆一下早期最著名的成功就足够了：分析放射性产物为阿尔法射线、电子、伽马射线；卢瑟福（Rutherford）在核物理中的先驱性实验，它们推动并确认了卢瑟福－玻尔的原子的行星模型；说明日光是四个氢原子合成为一个氦原子的副产品——相对论公式“发射能量 = 质量亏损 $\times c^2$”的一个例子。所有这些发现加强了实在论，拒斥了把科学理论看成是数据集合的庸俗的科学观。

2.7.3　生物进化

古代唯物论哲学家阿那克西曼德（Anaximander，公元前 6 世纪）和恩培多克勒（公元前 5 世纪）或许是最先猜测一切生物都是演化的，而且，特别是，人是从鱼演化过来的。虽然那时这只是一个预感，但这并非胡乱的幻想，因为这说明了如下的事实，如在山顶上发现海洋生物的化石，可能这些海洋生物在地质隆起把它们抬高之前是在水下的。

布丰、狄德罗（Diderot）、马耶（Maillet）、莫培督（Maupertuis）、伊拉斯姆斯·达尔文（查尔斯·达尔文的祖父）和少数其他人在详细研究化石之前很久就主张进化论了，后来是果蝇，最后是细菌以及病毒，把进化生物学转变为一门实验科学，并在 20 世纪 30 年代与遗传学相融合（综合进化论），在 2000 年左右，同发育生物学相融合（进化 – 发育综合）。

再一次，假说领先并指导观察。特别是，进化假说产生了古生物学，它鼓励化石收集者把他们的发现看作是生命机体的遗骸。事实上，在此以前，化石被当作石头，因此是地质学家研究的性质。然而有若干人相信，这些特殊的石头是大自然开玩笑的产物。无论如何，古生物学不是来自没有假说的观察。如果科学革命没有恢复赫拉克利特（Heraclitus）的哲学原理 *panta rhei*（万物皆流），它就不会发生。

31

2.7.4 量子：从观测到量子论，从量子论到观测

1814年，约瑟夫·夫朗和费（Joseph Fraunhofer）第一次看到并描述了太阳光谱中的暗线。许多其他研究者跟随并研究了大量物质的电激发产生的光谱。最终，出现了某些图样，例如氢光谱中的巴耳末系（1885），并且表述了相应的半经验方程。

到1850年，光谱学到达全盛期，但揭示光谱线后面的机制又花了六十年。最早的成功理论是玻尔在1913年提出的像小行星系统的原子理论，把每一条光谱线解释为相应原子从一个能级跃迁到另一个能级的效应。顺便提一句，能级是不可观测的，只有这些能级间的跃迁发出或吸收的光是可观测的。

玻尔理论的局限很快被认识到了，但又过了十年，所谓的经典量子论和它的传统的椭圆轨道才被现代量子力学所取代，这主要是由海森堡（Heisenberg）、薛定谔（Schrödinger）、玻恩（Born）、泡利（Pauli）、狄拉克和德布罗意（de Broglie）建立的；虽然这些物理学家中的某些人声称要盯住现象，因此放弃不可观察的东西，真实的情况是量子力学的典型变量——特别是能量算符和它的本征态，以及相应的状态（或波）函数都是不可观察的（参见，例如，Bunge 1967a，1973a）。

终于，海森堡承认这个哲学“瑕疵”，在1937年试图用他的*S*矩阵来加以纠正，相信可以总结散射实验，即只包含涉及撞击目标的入射和出射粒子束的变量。这个理论在20世纪60年代初产生了某些噪音，但最终却是如果没有量子论的帮助，是无能为力的；后来的发明，例如，量子场论和色动力学，离观察就更远

了。特别是，在费恩曼图中出现的电子和光子的轨迹都是半经典的虚构，只有助于进行某些计算（Bunge 1955）。

再进一步，夸克，假设是质子和中子的基本组成，不能孤立地存在，只能在组合中存在，所以它们在原则上是不可观察的。更进一步，现在估计宇宙中五分之四的物质是“暗”的，即不可见的，因为它既不发出也不反射辐射。

32

总之，可观察的物质块的基本组成是不可观察的。因此，可观察性意味着实在，而逆命题是错的，因为 **实在≠可观察**。这个结果为古代原子论做了强烈的辩护。同时，它完全打倒了物理学中的现象论，虽然它仍然活在哲学之中。这就是为什么人们说哲学是科学走向死亡的地方。

天体物理学和宇宙学也有同样的结论：它们的某些指称很难被观察到。而有些，如海王星和黑洞，人们寻找它们，因为某些计算表明它们应该存在。特别是，黑洞的存在通过观察一些恒星而得到确认，因为这些恒星似乎围绕一个空点在转（参见 Romero & Vila 2014）。

总之，仅靠观察不能提出深刻和普遍的理论，爱因斯坦称这是“人类心灵的自由创造”。但是它们的真值完全不同于它们的产生：只有观察或实验可以提供某种证据，来支持或反对一个有关一部分实在的假说或理论为真。但是，还要指出，除非认为要检验的想法是科学的，否则就不能设计经验操作来检验它。由此，让我们来讨论科学性（scientificity）问题。

2.8 科学性：划界问题

没有人有时间和资源来详细检验所有提交给一个科学刊物或一个资助机构的研究计划，因此需要做初步的筛选。我在这里提供这样一个过滤器，它可以决定所说的研究计划是否是科学的，早在基础科学或应用科学的结果能被宣称至少接近为真之前，早在技术可以被宣称为可行以及有用之前。

我提出，一个研究计划

Π=〈哲学，背景，问题，领域，方法，材料，目的，计划，输出，输入〉是**科学的**，当且仅当

33

a. 它的哲学是**实在论的**或客观主义的（而不是激进的怀疑论的、主观主义的或约定论的），**唯物论的**（而不是唯灵论的），和**系统的**（而不是要么整体论的，要么原子论的）；

b. 它的背景是**直至最近的并流动的**而不是过时的和僵化的；

c. 问题是很好地提出的，既不是平庸的也不是过分有野心的；

d. 它的领域有一部分是知道的，或猜到的，是**实在的和可接近的**，而不是纳入（esconced）到与我们的宇宙没有联系的一个平行宇宙中。

e. 它的方法是**可了解的、不具人格的和可完善的**，而其

中，客观的观察、修补、受控的实验和计算机模拟是突出的。

f. 它的主要目的，在基础科学中是寻找新的真理，在应用科学和技术中，是寻找具有可能的实际用途的新的人造物。

g. 它的研究计划可以用设想的手段**执行**。

h. 它的方法和成果是可**被**其他有类似设备的研究者**重复的**；而且

i. 对它的主要问题的解答可能成为对我们的知识或我们的福利的**有价值的贡献**，而不是平庸的，或是像国际象棋那样的智力体操的一个理由。（有关上面出现的哲学术语，参见 Bunge 2003a①）

上面的规定或约定可以由一个**非科学的**计划的双重概念的考虑来澄清，即人们遇到下列条件，这对天性论心理学和信息加工心理学都是典型的，以及对社会研究中的诠释论（*verstehende*）思辨、理性选择和建构主义 – 相对主义思辨也是如此。

a. 它的哲学是非实在论的，特别是主体论的（主体中心的），以及唯灵论的（“心灵支配物质”），或者，要么是整体论的（“整体超过它的部分”），要么是个体论的（“只存在个体”），而不是系统的（“每个东西都是

---

①中译本：《涌现与汇聚——新质的产生与知识的统一》，马里奥·邦格著，李宗荣等译，人民出版社，2019 年。

一个系统或系统的部分”）；

b. 它的背景是过时的；

c. 它的问题提得不好，或者研究这些问题需要计划申请者所缺乏的知识；

d. 它的领域不知道是否是实在的和可接近的；

e. 它的某些方法是不可思议的或未好好设计的——例如它的实验就是这样，因为它们不涉及对照组；并使用贝叶斯（个人的，主观的）概率，使人们怀疑任何大量使用它们的计划；

f. 它的计划是不可行的，至少用它手头的资源是不可行的；

g. 它的目的仅仅是口头上的，或者有价值但研究者在现实的时期内不可能达到。

无疑，有时我们的苛刻的客观标准不能达到，要么是粗心大意，要么是有意如此。但最终，所产生的缺点可能被找到——这就是为什么科学研究时常被人表征为**自我纠正的智力操作过程**。

一个理论或一个经验操作过程的科学价值问题，在法庭的每次专家作证干涉过程中都会出现。事实上，人们期望法官会判定这个证人的证词在科学上成立，或者只是他的个人意见。

有时，专家们并不一致同意什么使一个证词在科学上可靠。在这种情况下，他们可以使用英国大法官称为“科学方法总裁”的那种人（Neuberger 2016）。遗憾的是，哲学家中可能产生不了这样的总裁，因为他们在什么使一个项目成为科学这个问题上分裂了。因此，让我们看看科学共同体是如何评价研究成果的。

第三章　成果的评价

迄今为止，我们讨论了猜度一个给定的研究倡议是值得进行的理由。现在设想它有了成果，我们应该如何评价它们？只有这种评价可以告诉我们这项工作是否是值得做的——设想这个成果是肯定的而不是没有结论的。

3.1　成功的标准：新真理

自 1600 年左右以来，人们普遍承认的是，事实科学中的一个既定的研究计划是成功的，当且仅当它得出了**新真理**，它得到观察或实验的保证，以及外部一致性，或者与过去知识的总体相容的保证。一个老的学术笑话这样说：这项工作没有价值，因为它的真成果不是新成果，而它的新成果却是假成果。

无论如何，人们通常认为经验确认对于真理是必要和充分条件，经验反驳对于虚假是必要和充分条件。甚至卡尔·波普尔，他自夸杀死了经验论之龙，否定了那个标准，实际上，他的标准显然是经验论的，因为它把经验提升为最高的裁判，它要求完全的真理，而实际上，人们通常只讨论部分真理。

此外，波普尔主张，只有可证伪性有用，这在逻辑上是不通的，因为反驳一个命题 *A* 在逻辑上等同于确证命题非 *A*。实际上，反驳同确认之间所谓的不对称蒸发为一个空架子，它往往是一个修辞学的手法，而不是方法论的措施。

例如，大多数人对发现精神是大脑的印象比反驳非物质的心灵的神话的印象更为深刻。因此，甚至伟大的弗朗西斯·克里克在 1994 年写道，发现了“惊人的”假说，一切精神的东西都是大脑的，虽然它早被阿勒马翁（Alcmaeon，公元前 500 年左右）表述了，并被希波克拉底（Hippocrates）和盖伦（Galen）所采纳，并且自 19 世纪中叶被保罗·布罗卡（Paul Broca）和卡尔·韦尼克（Karl Wernicke）创造了之后，就居于生物心理学的中心位置。

36

无论如何，科学家通常都期望探索一部分实在，揭示它的一部分。这就是大多数诺贝尔科学奖授予**发现**——换句话说，授予新的事实真理，即关于事实的真理——的理由，例如汉斯·塞利（Hans Selye）发现紧张是大多数疾病之源，詹姆斯·奥尔兹（James Olds）和彼得·米尔纳（Peter Milner）偶然发现报酬（快乐）中枢，维尔德·彭菲尔德（Wilder Penfield）的大脑皮层上的体感图（所谓的微型人），和约翰·奥基夫（John O’Keefe）发现的哺乳动物海马中的定位系统。

诺贝尔奖从来没有授予仅仅是反驳的成果。一个理由是，怀疑和否定是不生产成果的，而且比有根据的断言要廉价。例如，否定地球是平的同说地球是球形的、椭球形的、梨形的、圆锥形的和圆柱形的等等都是一致的。这就是为什么麦哲伦（Magellan）绕地球航行证明地球是球形的，要比 1500 年左右的许多海员对欧洲酒店中的听众表示他们怀疑流行的大地是平的教条应有更大的荣誉，因为后者没有说明我们的住所的精确形状。

如果一个研究计划的目的不是想发现以前不知道的事实或关于它们的真理，它就不值得被称为**科学**。这当然是关于事实类真理的老生常谈，但在后现代主义者忽视真理的情况下，它值得重复。

为了发现关于实在的新真理，我们必须做观察或实验，因为宇宙先人类而存在——实在论者的一个哲学前提。确实，有力的理论可以预期某些事件——但只有当与有关的经验数据相结合。没有数据，就没有事实真理，因此也就没有事实科学。为什么如此？因为事实真理的定义是一个命题适合它所指称的事实。（真理是思想 / 事实相符这一概念可以使之精确化：参见 Bunge 2012b）

只有观察，只有甚至更加如此的实验，它涉及实验组和对照组的比较，能够告诉我们所说的事实是真正发生了，还是只是我们的想象。这所以是这样，是因为只有这样的干预才使我们密切地接触实在。确实，最简单的**实在标准**是这样：对所有 x 而言，x 是实在的，当且仅当 x 的存在或出现，使得某个其他东西（例如人造探测器或测量仪器）产生差异。

37

这就是为什么有成千个物理学家在几十年内试图检测引力波。他们大多数人相信它们的存在正是因为爱因斯坦 1915 年在他的引力理论的部分内容中预言了它们，那个理论还预测了三十多个其他“效应”的存在，其中包括引力透镜和黑洞的存在。但是实际发现引力波只有到 2015 年才得以实现。

换句话说，难捉摸的引力波存在的假说从一开始就是科学的，不是因为它可证伪，而是因为它是精确的，它符合（或适合）普遍接受的理论，而且检测不到引力波是因为它们的能量非常微弱，这又该归因于它们是时空中的涟漪而不是“粒子”。

LIGO 团队第一个检测到了引力波——确证爱因斯坦的存在引力波的假说——确实获得了诺贝尔奖，而胆小的民间人士刚知道它的可证伪性，只能祝贺发送了价值 11 亿美元货物的一千位天才。顺便说一句，哪个私人企业会为了没有可预见的用处的发现而愿意付这笔账单？

中微子的历史是类似的，虽然甚至更为重要并富有戏剧性。1930 年左右，关于 β 衰变有一个反常现象。这个过程是一个原子嬗变同时放出一个电子，如：碳 14→氮 14+ 电子。氮的能量加上电子的能量似乎小于碳的能量。为了保持能量守恒，沃尔夫冈·泡利猜测发射了一个附加的粒子。这个新粒子称为**中微子**，因为它不带电，以及没有质量或质量几乎为 0，因此很难检测。

人们设计了一个灵敏、巨大的检测器，在 1995 年终于发现了中微子——在猜想提出之后的六十五年。后来，中微子被用来把质子转换为中子，再加上正电子。进一步，有关发现——例如，有两类中微子，宇宙线簇射和太阳辐射都包含丰富的中微子——来得像是红利。在所有这些案例中，为了**保存**一个重大的理论原理，既没有像库恩设想的发动一场革命，也没有像波普尔主张的那样否定一个神话。

38

3.2　证伪可证伪主义

在 1935 年，卡尔 · 波普尔在亲科学的阵营中引起了骚乱，他说，科学理论不能被证明，但它们却能被否证，而且，只有可证伪性使得它们是科学的。换句话说，他主张，如果一个思想至少在原则上不能被证伪，那么它就不是科学的，而是伪科学的，或者是意识形态的。因此，他建议科学家尝试去证伪他们的猜想，而不是试图证实它们。

尽管波普尔的科学性标准，即可证伪性，变得十分流行，但是经过论证，它是完全错误的——在逻辑上，方法论上，心理学上，和历史上，都是如此（Bunge 1959c，Gordin 2015[①]）。开始，波普尔用“理论”一词是不小心，因为他意图使它包括假说和理论本身，即一个假说 - 演绎系统。这一点是重要的，单个假说可以被判决实验确认或反驳，对一个理论就不能断言同样如此，因为它是陈述的无穷集。在这种情况下，人们只能检验此集之中的少数重要成员，并希望其余的成员也有同样的真值。

第二，在科学中所用的经典逻辑中，命题“*p* 为假”等价于“非 *p* 为真”。因此，确认并不比证伪更弱。相反，**否定弱于肯定**，

① 见：《牛顿的苹果：关于科学的神话》，神话 27：伪科学和科学之间有明晰的界线（迈克尔 · D. 戈丁）。

因为发现 p 为假同无穷个不同于 p 的论断是相容的。因此，发现亚里士多德主张心是思想的器官是错的，那就给其他器官以机会，例如脾（如传统的中医相信这一点），松果腺（笛卡儿猜想过），和脑（如认知神经科学家所建立的）。这就是为什么反对者比我们其余人要多得多，我们其余人有时以我们的荣誉冒险，以不充分的证据做肯定的论断。

39 第三，句子"p 是可检验的"是不完全的，因为可检验性是相对于检验手段的。例如，古代原子论者缺乏检验他们的猜想所需要的检测器和其他实验室仪器。总之，谓词"可检验的"是二元的，不是单元的，所以"p 是可检验的"这种形式的句子应该补全为"p 是可以用手段 m 检验的"。

第四，人们执行的几乎所有科学经验观察、测量或实验都是为了**发现**某种东西，很少是为了证伪一个猜想。如果有怀疑，看一看诺贝尔自然科学奖的有关文献就可以了。例如，几个天文学观察者正在寻找理论天文学家预测的我们太阳系中的第九颗行星。因为行星 9 虽然设想是巨大的，但却是气体的，甚至比冥王星更为遥远，研究计划认为需要极端灵敏的探测器，并至少要花五年时间。所以，让我们调整好探测器，重复着行星 9 **迄今为止**尚未逃脱的检测，等待着最终结果。换句话说，只要有若干天文学家仍在执行行星 9 的研究计划，否定者应保持沉默，而乐观者可以抱有他们的希望。

这种满足他们好奇心的希望，是促使科学家工作的动力。只有自虐狂和精神病患者的工作是使自己或他人受苦。总之，波普尔的忠告，试图推翻人们心爱的猜测在心理学上是假的，并且在逻辑和方法论上是有缺陷的。

最后，可证伪主义在历史上也是错误的。确实，大多数神话最终是假的，在开始时也是可证伪的。让我们恢复记忆。

例 1：奥古斯丁（Augustine）为了反驳占星术，发明了一个故事，说有两个婴儿同时出生在同一个家，因此“属同一个星座”，但一个是自由人，另一个是奴隶——因而人生故事也有很大差异。

例 2：四元素论，两千年前左右提出，被 19 世纪发现或制造以前未知的真实元素的化学家们所否定。在 19 世纪 60 年代，当德米特里·门捷列夫（Dmitri Mendeléyev）发表了他的元素周期表时，已知有 63 个元素。今天，我们知道差不多有两倍。最近合成的 118 号元素，暂时叫 *Uuo*（氭）。

例 3：手相术、顺势疗法、针灸、超心理学、精神分析和精神疗法开始时是可证伪的，但只有少数人认为它们是不科学的，因为他们不能为其所谓的成功提出似为真实的机制。 40

精神分析的例子是类似的，虽然更为复杂。尽管俄狄浦斯的故事与压抑神话结合时确实是不可反驳的，但是其余的精神分析假说——特别是关于婴儿性活动（在性激素出现之前！），肛门/口唇人格，社交抗议作为背叛父亲的案例——都是可证伪的，而且被实验心理学家大量地证伪了。精神分析从来都不是科学的，因为不管是弗洛伊德，还是他的信徒，从来都没有做任何科学研究。总之，波普尔的科学性标准不起作用。这说明了他为什么赞同稳态宇宙学和标准经济理论，接受心理神经二元论，而把进化生物学看作是“形而上学研究纲领”。

3.3 经验论的确证是不够的

在思想/事实相符问题上，经验并不是不可上诉的裁判，因为当数据似乎要驳斥富有成果的假说时，许多科学家会跑去拯救它，提出一个似乎合理的特设假说。例如，当人们反驳说，他们没有看到多细胞生物的进化，查尔斯·达尔文会说这是由于化石记录的不完全，世代间的变异很微小。

唐纳德·赫布（1951），当代认知神经科学的奠基人，未被困扰地写道："如果观察到一个有用定律的明显矛盾，人们马上假设，有某种别的东西说明它们，而不是放弃这个定律。"但是，当然，人们提出某种别的东西，或特设假说来拯救他的所爱，这种假说也必须是独立可检验的（Bunge 1973b）。例如，当某些测量似乎证伪了爱因斯坦的狭义相对论，人们会猜测说，要怪仪器的真空漏泄——在几年后这变得很明显。

与此相对照，弗洛伊德的压抑幻想，设计用来保护他的俄狄浦斯神话，却不能独立检验——而且发现是假的——直到很久以后：它是一个坏信仰的特设假说。在爱因斯坦的例子中，系统性是用来保护一个真理，而在弗洛伊德的例子中，它保护一个神话。总之，特设性（ad-hocness）可以有好的信仰，也可以有坏的信仰。

41

经验确证是真理指标的一个必要条件，但不是充分条件。进一步的真理条件可以称为**外部一致性**（Bunge 1967b）。这是要求新思想或新程序要**与以往知识的总体相容**——显然不是全部，因为人们期望所说的发现在某个方面是新的。希尔伯特（1935：151）或许是第一个明确要求与邻近学科的一致性。让我们考察几个著名的案例。

麦克斯韦（Maxwell）假设在电容器两极间的介质中存在位移电流，这在它们被实验发现之前很久，而他这样做是为了拯救一个假说，即在一个电路中总电荷是恒定的。但是这个特设假说是可检验的，而它与那时关于绝缘材料的知识一点矛盾都没有。

对于大得多的猜想，外部一致性要求的成立有更多的理由。例如，物质或能量从无到有地创生的思想，以及心灵感应和预知，没有任何限制的经济和政治自由，没有自由和团结的平等，这类想法都违反了这个条件。与弦论中的假设一样，物理空间不是三维的，而是十维的。因此，任何与它们有关的研究计划注定是没有根据的。然而弦论和与它有关的学科却主导了理论粒子物理学四分之一世纪之久，尽管它有严重的缺点和没有任何实验支持——这说明了有关人物的某种易受欺骗的性格。

第三，也是最后，基本研究问题的集合应该认为是公众财产。此外，它们是富有成果的，对任何计划的研究，既不应受政治动机的引导，也不应受政治动机的限制，因为——同米歇尔·福柯及其追随者相反——科学研究和争论是有关真理的，不是有关权力的（参见 Raynaud 2015）。

自封的自由主义者敦促一切东西的私有化，甚至是科学。他们不知道科学只是在 19 世纪才开始高速发展，当时，业余人士被专业人士所取代，大学变成公立。大学的大规模私有化会扼杀基础科学，因为商业公司用不着纯粹数学、粒子物理学、天体物理学、进化生物学、人类学、考古学、编史学和类似的计划，培育这些学科就是为了满足好奇心。

当科学私有化了，科学计划充其量是变成技术冒险，既不管道德，也不管公众利益（参见 Mirowski 2011）。例如，某些私营制药公司已经把我们的许多基因变成专利，所以我们不再完全拥有我们自己（Koepsell 2009）。而某些大学现在正试图把它们的教授从写论文转移到申请专利。幸运的是，其他大学正在反对这种倾向，而引向一种自由进入的政策。例如，可作典范的蒙特利尔神经研究所和医院拒绝为其研究人员的发现申请专利。

3.4 科学性指标

当一个科学研究计划递交给资助机构或科学出版机构时，它将被一个审查小组评估，这些审查者中的大多数从未忽视关注科学性问题：他们依靠自己的经验，考察候选人的履历记录、兴趣、前程和计划的可行性。

这样直观的同行评议在传统领域通常很管用，只要审查者不受到政治压力。但是，在别的一些场合，此种程序被扭曲。人们看到一些资助授予粒子物理学、宇宙学、心理学和社会科学涉及疯狂思辨的计划——更不要提剽窃之类，出于误解拒绝好的论文，或者保护劣者。

同行评议程序的这些失败近来发展得如此之快，以至于对它们的研究已成为一个新的研究领域，并出了它自己的期刊《研究诚实和同行评议》(2016)。

这样浪费公众经费表明要遵守明确的和有充分根据的评价标准。我提出如下的**科学性指标组**来衡量符合科学条件的研究计划。

a. **精确性**：最小的模糊性、歧义性和隐喻性，以避免误解，并且不鼓励关于意义的无结果争论。

b. **可交流性**：不限于同行亲信。

43

c. **非平庸性**：不是常识，因此容忍某些反直观的原创性思想。

d. **外部一致性**：与外部知识总体相容，因此能与其他知识结合。

e. **原则上可检验性**：有能力面对经验数据，从而要么确证，要么证伪，不过是间接地。

为了阐明上述各点，让我们简要地考察两个广泛流行的信念——心理神经互动论和经济合理性——的科学性资格。

互动论是这样一个理论，即“认为精神状态和生理状态是互动的理论”(Popper & Eccles 1977：37)。这个理论也认为，但不是用同样的术语，“[人的]身体被自我所拥有，而不是用其他方式”(同上，p.120)。注意以上引文中的下述缺点。第一，**状态**和**互动**的概念是被误用了，因为它们只有对于具体的事物才可以很好地定义，例如不同的脑的部位，如前额皮层和运动中枢(参见 Bunge 1977)。第二，**所**

有权是一个法律概念，因此在科学文本中并不合适，除了作为本体感受的比喻，或者是它的暂时丧失。所以，二元论是可以被发生在脑之外的任何精神事件证伪的。但没有这种事件的科学证据。

总之，波普尔－埃克尔斯对这个问题的意见是模糊的，因此是不科学的。更糟的是，这个见解是在阿勒马翁明晰和富有成果的假说提出两千五百年之后提出的，认为所有精神现象都是脑的过程。既然这个猜测，它通常叫作“同一性理论”，是认知神经科学——心理学最先进的阶段——的哲学闪光，那么波普尔－埃克尔斯学说就不仅仅是不科学的。它还是过时的，并成了心灵科学前进的障碍。

我们的第二个例子是经济合理性原理，这是两个多世纪以来对所有人都习以为常的社会科学中提出的合理选择原理。这个原理认为，理性行动者的行为就是为了使他们的期望有用性最大化。（行为的期望有用性 a 等于 a 的概率乘以 a 对行为者的有用性或利益）而所说的概率和有用性都是因人而异或主观的，所以它们必定是随意被赋予的，不像客观的回报和惩罚，例如食物丸和电击。这个特征使得期望有用性是不可订正的，使得经济“合理性”原理立刻成为不精确和不可检验的。

44

然而，如果我们观察我们周围或实验室中真实的人，看他们玩“最后通牒”游戏，人们发现我们中的多数人都共享我们对玩友的胜利，甚至也共享因谴责个人的不公正或残酷行为的罪行而被惩罚的风险。总之，我们在现实生活中与之打交道的人们中的大多数都是相互利他主义者，而不是流行哲学家安·兰德（Ayn Rand）和她的明星学生艾伦·格林斯潘（Alan Greenspan）所推崇的精神病患者（参见例如 Gintis *et al.* 2005）。

3.5　附记 从维勒的偶然发现到约安尼兹的爆料

让我们回顾一下近代科学两个最出乎意料和使人心绪不定的结果：弗里德里希·维勒的合成尿素；约翰·约安尼兹（John Ioannidis）对生物医学研究的令人失望的评估。

1822 年，本来试图合成氰酸铵，维勒却得到了副产品尿素。这个结果是出乎意料且使人心绪不定的，因为按照当时居统治地位的活力论者的观点，尿素被认为是活力的表现，这是生物独有的精神实体。但是，维勒的意图不是要证伪这个神话：这个结果正好是他的研究的“附随的意外”。

因此，维勒的偶然发现证伪了一个广泛认同的两千年来的信仰：它与希波克拉底的假说相反，认为“有机”物和“无机”物是彼此根本不同的物质。不仅如此，新科学生物化学立即诞生了，此后不久，现代药物学也随之诞生，而唯物论者为对活力论的首次严重威胁而兴高采烈（例如 Engels 1941[①]）。

关于哲学思辨，维勒并没有特别深刻的印象。但他的导师和朋友，当时最伟大的化学家柏齐力乌斯却被深深地震撼了，因为他一生都在宣扬活力论。这使得他花了一些时间才承认他

① 中译本：《自然辩证法》，弗里德里希·恩格斯著，于光远等译编，人民出版社，1984 年。

亲爱的学生偶然开创的这场化学和哲学革命（参见 Numbers & Kampourakis 2015：59）。

45

3.6 计算机的作用

没有人会否认计算机在解决计算问题，通过处理堆积如山的经验数据来揭示趋势，在模拟现实过程中的价值。由于这些理由，谈论 20 世纪 70 年代末以来，因为个人数字计算机的推广而带来的**计算机革命**是正当的。

可是，众所周知，许多激进的创新伴随着它们的利益也带来有害的后果，这仅仅是因为它们迫使人们对老的习惯带来意想不到的变化。特别是，科学研究的计算机化，大大增加了低水平，甚至平庸的发现的数量，把够资格的和勤奋的工匠提升到科学研究者的等级。

回忆一下生物医学研究和社会研究中肤浅的和短命的关联研究的爆炸式增长就够了，特别在 1970 年左右市场上出现了关联分析的软件以后。利用这些装置，现在几乎任何人都能够研究随机检出的两个变量之间的线性相关。这就是为什么生物医学文献保持增长，特别是一些低水平的短命的论文，意图证明这个物质或那个活动对于某个给定的医疗“条件”是一个“风险因子”。

这就是规范的社会流行病学家宣读的一类论文，他们设计的卫生政策被公共卫生的当权者所采纳。因此我们的健康状态被日益掌握在生物统计学家的手中，他们对所说的关联下的化学的、生物学的或社会的机制不感兴趣。更糟的是，这些成果中的许多是虚假的："大多数发表的［生物医学研究中的］研究发现是假的"（Ioannidis 2005）。这个结果不应当使任何人感到惊讶，给定了基本的经验论假设，科学研究就是发现数据和处理数据——计算机崇拜的副产品。

事实上，克里弗德·特鲁斯德尔（Clifford Truesdell）（1984）确曾警告过我们，要反对计算机崇拜，它鼓励人们从事经验信息的无心搜索和盲目的数据处理，而不关心行动的可能的基本机制和相应的高层次的定律。这样，具有讽刺意味的是偏爱无风险的研究计划是有风险的，因为它阻碍了原创性。这一过程下的机制是明显的：计算机不能产生新思想，它们只研究算法，即处理现有信息的规则。因此，最好的计算机科学家能成功地发明更好的计算机程序：他是软件工程师，而不是研究自然或社会的学者。　46

避免风险研究的新近例子是大规模计算机辅助研究 650 万个生物医学文摘，目的是想发现主导的"研究战略"——研究问题的类型和其作者的名字（Foster *et al.* 2015）。这项研究的主要发现是，正如库恩（1977）所说，"科学家的研究问题选择确实是通过他们在多产的传统和有风险的创新之间的必要张力下进行战略磋商所形成"。

这个结果引起了下述问题。第一，计算机如何将有高度原创性的计划（如给我们基因编辑的计划）同已经确知的东西（如再给一个基因组测序）相区分？

第二，为什么假设完成的论文所关注的问题与引发这项研究的问题相同，而这项研究在开始到完成之间，给出许多预料不到的联系和分叉——当然，除非手头的问题是常规的那一类？

第三，人们怎么才能预见此种发现将会帮助保持船的航行还是毁坏它？

第四，什么能证明排除纯粹的好奇心，导师有选择原创性又可解决的问题的能力，以及进行好的工作或淘汰没有前途的学生是正确的呢？

第五，人们怎样才能确知论文的主要作者除了财政支持或他的名字之外，还贡献了什么东西？

有经验的导师可能会主张，实际的问题选择过程大致如下。每一个研究共同体都包含一些科学团队，由高级研究人员领导，在任何给定的时候，都在从事若干计划的研究。（例如，1377个人因为研究中微子获得诺贝尔奖，他们分布在五个不同的团队）任何人对这些计划中的某几个感兴趣，可以接触它的领导，双方会讨论候选人参加他/她的团队的可能性。在这种磋商中，决定性的因素是候选人的能力、奉献精神和决心，领导人对招募他/她的兴趣，和可提供的资源（从实验室的空间到钱）。

47

原创性博士论文需时从两年到永远，平均是六年，在磋商中"必要的张力"问题可能不会发生，因为学生从小道打听，知道谁是更多产、肯帮助人、有威望和最有才能的导师。

还有，不能保证选择的问题是确实新颖的，更不能保证提出的解答是有意义的，并可能导致进一步的研究。只要回想一下关于人文学科研究的博士论文的老的讽刺性评论就够了：他们是墓地之间的尸骨转运者。

3.7　再谈划界问题

波普尔的证伪主义近年来日益流行，特别是在一个未曾料到的地方：法庭，那里的专家期望对科学证据做出贡献。但是，考察任何提交给资助机构的被批准的资助申请，很难找到主要目的是要反驳一个信仰的研究计划。反驳一旦产生，都会“附带损害”（用一个军事说法）。例如，没有人开始证明物种固定的命题：这个否定结果正好是严肃对待奇怪化石（即灭绝物种的生物遗骸）未曾想到的后果，而不是自然的玩笑（ludi naturae）。同样，表现遗传学并非由于试图揭穿遗传决定论，而是由于受到不平常的压力而对生物的染色体所做的化学分析。

总之，任何时候，“生命”科学浓缩为正在进行的研究计划的集合。没有研究，就没有科学。这是剥夺神秘信念、伪科学信仰和实践的充足理由，也是搁置他们对没有研究过的事物的意见的充足理由。

上述科学观也帮助我们回答了“你怎么知道？”这种形式的问题。卡尔·波普尔摒弃它们，认为这是不重要的，因为一个人或一群人可以从许多不同的来源学到某种东西，从道听途说到教科书，到参考个人的论文，到大量新近的科学论文。确实，有时我们甚至从最权威的来源学到假的东西。但是进一步研究可以纠正科学错误，而意识形态的嚎叫之徒会坚持几个世纪，如果这得

48

到权力的支持，或得到狂热教派的支持。

我们很少有能力和时间去评价我们为日常生活目的所用的知识主张的可信度。但是，在研究计划中建立这样的主张时，或者在一个法庭里把它作为证据提供出来的时候，人们期望我们把这样一个主张纳入整个真理检验库。总之，当真理成为必要之物时，我们有道德义务来揭示我们如何知道如此这般的片段信息真实到什么程度。

当然，不是所有研究都够得上科学。例如，仅仅是观察就不是科学的，因为它不涉及有关变量的控制，正如克劳德·贝纳尔（Claude Bernard）在1865年论证的那样。而且，只有真实，或者至少像假说和理论那样，告诉我们去观察**什么**，特别是，什么变量值得测量或摆弄。例如，医生在哈维（Harvey）证明脉搏是心跳的一个指标之前，没有理由去量脉搏。同样，有好几个世纪，性病被认为是皮肤溃疡，因此要求皮肤科专家来加以关注，直到疾病的原因——被螺旋体细菌感染——在1905年被发现。我们再一次发现，仅仅靠观察而没有正确的假说或理论的帮助，不能推进科学知识。

尽管研究计划是由个人或群体实现的，它们还应该是与个人无关的，因此是可重复的。只有独特的事件，例如全新的化合物、生物体、技术或社会秩序，可以允许是可重复性规则的例外。此外，这个规则应当谨慎地使用，考虑到1989年在最初的冷聚变之后，世界上有许多所谓的重复实验，结果证明是失败的。匆忙地试图获得或保持荣誉，结果是声名狼藉。

在任何给定时间进行的研究计划都是一个**系统**的组成部分，

不仅是一个集，因为每一个新计划都建立在以往（成功的和复杂的）发现的基础之上，它可以提示同一领域或邻近领域内的更进一步的计划，而不是到此为止。

49

培根（Bacon）、黑格尔和胡塞尔认为科学没有预设的思想是错误的，因为我们总是把许多已有的思想认为是理所当然的。没有上述思想中的某些，我们甚至不能陈述全新的问题。而那些公认思想中的某些是如此牢固地嵌入我们的背景知识，以至于很难被觉察。即使如此，它们中的某些可能最终是假的。

上面所说需要在未来的科学（scientia ferenda）即发展中的科学的基础和哲学中，而不是在过去的科学（scientia lata）即已完成的科学的基础和哲学中做进一步的研究。

第四章　科学与社会

经典的思想史家受到了正确的批评，说他们只集中注意山峰，而忽视了山峦，就像把一个城市只限于摩天大楼。与此相对照，后现代主义者强调团队工作，而不重视个人的天才，甚至主张“社会通过个人来思考”，似乎社会有集体的头脑，并有完全的记忆和理论。

4.1　从孤独天才到研究团队

在20世纪的大部分年代，阿尔伯特·爱因斯坦被普遍认为是该世纪或者甚至是有史以来最伟大的科学家。近来，有些低劣的尝试想降低他的地位，声称他的相对论是他的亲密朋友圈集体努力的结果，特别是他的第一个妻子米列娃·马里奇（Mileva Maric），他以前的同学马塞尔·格罗斯曼（Marcel Grossman）和他的朋友康拉德·哈比希特（Conrad Habicht）、毛利斯·索罗文（Maurice Solovine）和米歇尔·贝索（Michele Besso），后者是他在瑞士专利局的唯一同事。有人还提到亨德里克·洛伦兹（Hendrik Lorentz）和亨利·彭加勒（Henri Poincaré）已经知道洛伦兹变换，这被看作是狭义相对论的签名。所有这些是真的吗？

爱因斯坦自己给出了正确的答案，可以简述如下。第一，狭义相对论是麦克斯韦的经典电动力学的顶峰。不用奇怪，那时候别人，特别是洛伦兹和彭加勒已接近它。但是他们缺少爱因斯坦年轻人的勇气去重建力学，所以它的基本定律是洛伦兹不变式，同电动力学中的那些相像。

正如爱因斯坦自己所说，狭义相对论可以由别的几个人来建立，相反，广义相对论只有他能够建立，这是他的引力理论，因为那时没有别人研究引力。

52

第二，当然，爱因斯坦同他的妻子米列娃，一位失败的物理学家，以及他的最亲密的朋友们讨论过他的新思想。但是后者的贡献却是不相称的：其中格罗斯曼是主要的，贝索是边缘的。确实，格罗斯曼教他的朋友建立广义相对论所需要的数学工具，即绝对微分几何或张量演算；两个人的科学协作是如此紧密，以至于他们合作写论文。

相反，贝索的作用，用爱因斯坦自己的话来说，是一个夸张的朋友，或用今天的话来说，是个乱出主意的人。尤其是，贝索徒劳地试图让比他更年轻的朋友皈依马赫的现象论和操作主义：爱因斯坦仰慕马赫的实验技巧，以及他的简略的时空关系的观点，但他像玻尔兹曼和普朗克（Planck）一样，是马赫主观主义的尖锐批评者，也是科学实在论的早期辩护者（例如，Einstein 1950）。

学术界的女性主义者主张，爱因斯坦从他的第一任妻子米列娃那里窃取了狭义相对论。这个主张是不真实的，因为它没有说明狭义相对论只是他在1905年他的**奇迹年**所精制的四个原创性思想之一。它甚至没有说明为什么米列娃没有被邀请参加非正式的奥林皮亚科学院，这是爱因斯坦在1902年同康拉德·哈比希特和毛利斯·索罗文一起创立来讨论物理学和哲学问题的地方。

学术界的女权主义者还主张希帕蒂亚（Hypatia）是一个伟大的数学家，但她们没有告诉我们她有什么成就。更新近，同一群人主张英国晶体学家罗莎琳德·富兰克林（Rosalind Franklin）应该同弗朗西斯·克里克和詹姆斯·沃森因发现DNA分子结构而同获诺贝尔奖。无疑，富兰克林确实对那项发现有所贡献，但其他人，特别是莱纳斯·鲍林（Linus Pauling），确实对同一计划做出了更为重要的贡献，但是只有克里克和沃森得到了获奖的答案。

总之，出成果的科学家并非孤立地工作，而是植根于过去的网络中的成员。甚至隐居的牛顿也不是孤立天才。事实上，我们从萨缪尔·佩皮斯的日记知道，他的思想，主要是他的问题，是在佩皮斯的圈子里讨论的。总之，伏尔泰（Voltaire）在崇敬牛顿这件事情上是十分正确的。

4.2　研究团队

直到新近，大多数研究计划涉及单个研究者，有几个合作者辅助，他们的贡献在报告的末尾致谢中。从 1950 年左右起，典型的研究计划涉及主要的研究者和几个合作者，通常是他 / 她的博士生或博士后的学生，他们都被承认为合作者，获得同样的荣誉。

实验粒子物理、天体物理、遗传学和生物医学研究的研究团队增长到涉及一百个以上的研究者。有时候，一篇科学论文要有一百个或者甚至一千个研究者署名，以至于他们的名单，按字母顺序排序，要占科学期刊的一个整页。这类合作研究称为大科学（de Solla Price 1963）[①]，标志着与以前占主导地位的小科学的区别，而小科学的主要研究者从申请资助开始，拥有全部荣誉，承担全部责任。

但是，理论研究不管多重要，仍然主要是个人的任务，单独地做，虽然在讨论班里讨论。一位理论家很少有机会被聘请来领导一个大的研究计划，那样他就不能做原创性的工作，当他的管理任务结束时也不能继续以往的研究。J. 罗伯特 · 奥本海默（J. Robert Oppenheimer）在担任“曼哈顿计划”（1942—1945）科学主管前后的生涯正是这种情况。

①中译本：《小科学，大科学》，D.普赖斯著，宋剑耕等译，世界科学社，1982年。

4.3 科学争论

科学研究计划从开始到终了都公开接受批评。但是，不像哲学和文学批评，科学批评是研究者所寻求的，因为它是特别富有建设性的：它由具有共同背景的同行执行，目的是要完善正受考查的工作，而不是一诞生就要用锐利的评论杀死它。

54

艾萨克·阿西莫夫（Isaac Asimov）称这类批评为**内部异端**，这与科学姿态的敌人的典型做法**外部异端**正好相反。内部异端的明显例子是，麦克斯韦对安培（Ampère）的超距作用的电动力学的批评，爱因斯坦对经典力学的批评，史蒂芬·J.古尔德（Stephen J. Gould）对"自然不作跳跃"这个教条的批评。在所有这些案例中，批评为更深刻、更全面的理论以及更新奇的实验铺平了道路。

外部异端，即非专业人员的破坏性批评的一个例子是法兰克福学派以及这些著名的作家米歇尔·福柯和布鲁诺·拉图尔所进行的反对法国启蒙运动的战役，后者是对罗伯特·K.默顿（1973）亲科学的科学社会学大规模攻击的领袖。

外部异端的另一个著名例子，是20世纪上半叶苏联哲学家对"资产阶级科学"的攻击。这次批评源于对当时科学的新奇性的误解，而且它阻碍了所谓的社会主义阵营的科学发展。这种破坏性批评的最坏方面是它证明了黑格尔的辩证法的晦涩和荒谬，例如生成（becoming）的意义是存在（being）与不存在（nonbeing）的辩证综合。

而历史唯物主义，马克思主义关于社会变革的观点，可以认为独立于辩证法之外，而且可以看作是一种唯物主义的历史观，它假说物质利益，而不是思想，是社会行动的主要动力。

这个观念对生命和人类的起源问题，以及对人类学、考古学和编史学有好的影响（Barraclough 1979[①]，Fontana 2011，Harris 1968，Trigger 2003）。例如，历史唯物主义提示人类学家，他们应该从研究他们的对象如何生存开始，而不是从研究他们相信什么和他们如何使自己快乐开始。它也发现了国内和国际冲突的根源在物质利益，例如在古代是控制贸易的通道，中世纪是为了土地，而近年来是为了石油。

唯物主义对编史学的另一个有益的影响，是揭穿特工部门赢得第二次世界大战的神话。真实的情况是，几乎每一次军事情报上的收获都被另一方的胜利所抵消。正如军事史学家马克斯·黑斯廷斯（Max Hastings）（2015）[②] 所详细表明的，情报和假消息对军队只起辅助作用。

尽管情报也有助于赢得若干战役，但这次大战是靠斯大林格勒的苏联军队赢得的，而不是靠布莱奇利庄园的密码破译者。日本人的求和是在它的平民遭到燃烧弹的轰炸之后，甚至在广岛和长崎被原子弹炸平之前（Blackett 1949）。现代战争尽量利用头脑和肌肉，但它不是一种精神追求。因此，既不是薪金，也不是理解，它是诠释学的练习。

---

① 中译本：《当代史学主要趋势》，杰弗里·巴勒克拉夫著，杨豫译，北京大学出版社，2006 年。

② 中译本：《秘密战：1939—1945 年的间谍、密码和游击队》，马克斯·黑斯廷斯著，何卫宁译，新华出版社，2017 年。

总之，历史唯物主义对编史学有好处，更有价值的是马克·布洛赫（Marc Bloch）、吕西安·费弗尔（Lucien Febvre）和首先是费尔南·布罗代尔领导的**年鉴**学派的通史（参见 Schöttler, 2015）。这些科学家从研究物质起源开始，但也没有忽略政治和文化方面。他们知道阶级冲突，但不同意在所有情况下，阶级斗争都是历史的动力，不仅是在马丁·路德（Martin Luther）时代的农民战争，法国大革命，西班牙内战和中国内战之中。在所有社会制度中都会发生冲突，但制度源自合作。

4.4 后现代主义者的滑稽模仿

直到 20 世纪 50 年代，科学共同体的研究是科学哲学家、科学社会学家和科学史家的任务，他们想发现有关科学（这是很著名然而又令人迷惑的野兽）的真理。回忆一下下列这些人所做的哲学研究和历史研究就够了：约翰·赫歇尔（John Herschel）、威廉·休厄尔（William Whewell）、威廉·斯坦利·杰文斯（William Stanley Jevons）、卡尔·皮尔逊（Karl Pearson）、亨利·彭加勒、埃米尔·梅叶尔森（Émile Meyerson）、弗德利格·恩利克（Federigo Enriques）、皮埃尔·迪昂（Pierre Duhem）、阿尔伯特·爱因斯坦、维也纳学派的成员、卡尔·波普尔、毛利斯·拉斐尔·科恩（Morris Raphael Cohen）、爱德华·迪克斯特惠斯（Eduard Dijksterhuis）、I. 贝尔纳·科恩（I. Bernard Cohen）、李约瑟（Joseph

Needham)、查尔斯 · 吉利斯皮（Charles Gillispie)、恩斯特 · 纳格尔（Ernest Nagel)、理查德 · 布拉斯维特（Richard Braithwaite)、艾因诺 · 凯拉（Eino Kaila)、阿尔铎 · 密利（Aldo Mieli)、乔治 · 萨顿（George Sarton）和罗伯特 · K. 默顿。

默顿在他的 1938 年的经典论文“科学与社会秩序”（发表在年轻的刊物《科学哲学》上）指出，基础科学的特征是**无私利性**、**普遍性**、**认知的公有性**和**有组织的怀疑**——不是孤立的研究者的怀疑，而是整个共同体的建设性的审议。

不像他的批评者，默顿不是一个业余爱好者，而是第一位职业科学社会学家。他的老师是当时的权威社会学家——皮特里姆 · 索罗金（Pitirim Sorokin)、乔治 · 萨顿和塔尔科特 · 帕森斯（Talcott Parsons）——以及化学家、生物学家和社会学家劳伦斯 · 亨德森（Lawrence Henderson)，他拯救并普及了社会制度的概念。除此之外，部分由于他的妻子和同事哈里特 · 朱克曼（Harriet Zuckermann)，默顿认识了许多诺贝尔奖获得者，他们告诉他是什么使他们行动，他们也从默顿那里知道，他们尊敬的科学共同体为什么有时鼓励他们，有时抑制他们。

总之，在 1950 年左右，默顿被公认为科学研究群体中最有学问的成员。他的研究也是他们之中最均衡的：默顿虽不是唯心论者，但他是唯一一个强调基础科学研究者的无私利性的人；而他虽不是实证论者，但承认科学的累积性，并且，他虽不是马克思主义者，但他强调科学共同体的社会嵌入性，并且它受制于政治压力。

突然，在 1962 年，一位无名气的科学家托马斯 · S. 库恩在他的畅销书《科学革命的结构》中主张，科学家并不寻求真理，因为没有这种东西，也没有知识总体，知识在成长，并被修补，并日益深刻。他的中心命题是，一旦时机成熟，就会发生科学革命，革命前的一切都被扫除。尤其是，这种激进的变革不会解决长期存在的科学问题，而是对**时代精神**（Zeitgeist），或是对当时的流行文化中的变化做出反应。因此，科学家既不要确证也不要否定任何东西，而要像他的朋友和同志保罗·费耶阿本德宣扬的那样“怎么都行”。总之，这些虚无主义者向流行的科学观挑战。

由此开始，任何业余爱好者只要有足够的**勇气**（chutzpah）就可以在许多“科学研究”中心或“科学与社会”纲领中找到工作，这些机构在过去几十年大大地增加了。

这场反革命规模是如此之大，来得如此突然，在学术界引起了风暴和惊讶（参见 Bunge 2016a）。自那时起，所谓的**科学大战**也兴起了，更多的是噪音，而不是光明。澳大利亚的戴维·斯托弗（David Stove）（1982）是讽刺它的很少几个哲学家之一，但他提供的替代方案——回到老式的经验论——并没有说服任何人。只有阿兰·索卡尔（Alan Sokal）发表在《社会文本》——它曾称赞库恩–费耶阿本德政变——上滑稽的恶作剧《超越边界：走向量子引力的变形解释学》告诉公众，他们被一帮小丑愚弄了（Sokal & Bricmont 1997）①。

我自己的对库恩–费耶阿本德反革命的哲学根源的详细研究

① 参见：《“索卡尔事件”与科学大战——后现代视野中的科学与人文的冲突》，索卡尔主编，蔡仲等译，南京大学出版社，2002 年。

（Bunge 1991，1992，1997）几乎没有受到哲学界的注意。默顿关于基础科学的现实主义形象被大多数元科学的学生抛弃了，他们从右边和从左边，拒绝了纯科学的观念。

科学主义，一个世纪以前在人文主义阵营富有活力并有威望，现在变得衰弱和失去信任，在那里，弗里德利希·哈耶克（Friedrich Hayek）关于它的有偏见的定义“试图在社会科学中模仿自然科学”广泛流行。近来流行的另一个对科学的误解是米歇尔·福柯把科学的特征古怪地描述为“不择手段的政治”——一个因多米尼克·雷瑙特（Dominique Raynaud）（2015）对许多著名的科学争论的仔细研究所打破的神话。他证明，所说的争论是有关真理的，不是关于权力的。而最终是真理获胜。

这种情况的主要理由是科学研究寻求原初的真理，而不是实际的利益——技术的目的。例如，关于量子论是涉及物理对象还是只涉及测量操作的争论，是纯粹的认知问题：在近一个世纪的争论中没有一方有任何东西与意识形态有关。与此相反，社会科学中的某些争论提出了意识形态问题。例如，标准的经济理论因2008年开始的经济危机而公正地受到谴责，因为忽视了不平等和表扬了自私；由威廉·狄尔泰（Wilhelm Dilthey）所倡导的社会唯心主义哲学的罪责是忽视了物质需要和利益，特别是穷人的物质需要和利益。

58

真理，而非权力，同所有这些案例有关，也同雷瑙特所讨论的那些案例有关，是偏爱科学主义的一个立足点——孔多塞的命题，无论研究什么，最好是用科学方法来研究。基于同样的理由，这也是反对“人文主义”学派固有的直觉主义的立足点。

那些多产的社会科学家并不认为他们的学科是**精神科学**(Geisteswissenschaft),需要它自己的方法,诸如狄尔泰 1883 年在他的反科学主义宣言中所赞扬的**理解**(Verstehen)或神入的理解。确实,把自己放在 *A* 的地位(不是平凡的表演!)可以有助于说明为什么 *A* 思考或 *B* 思考,但它不能说明 *B* 自身。同样,把 *A* 放入他 / 她的社会语境中可以有助于说明为什么 *B* 要么被机构承认,要么被机构压制,但又是,它没有说明 *B* 自身。公理系统,确定一个理论的中心思想,有助于理解为什么科学是自我推动和自我服务的。下面将详细说明。

第五章　公理系统

通常我们以在逻辑上无组织的方式思考：我们不区分基本概念和定义的概念，假设和推论，或者建构原理和规范原理。以这种自发的方式思考时，我们能够进展得很快，但是我们可能粗心地引入了或隐藏了可争论的或甚至错误的假设，这危及整个建构。公理系统的意图是避免这种灾难，或者修复匆忙建立起来的建筑。

5.1　直观推理与公理化推理

公理化是将一个原来是以直观的方式或启发的方式建立起来的理论进行如下操作：

a. 将直观的建构**精确化**，即以精确的概念取代它们，例如用“集”代替“集合”，用“函数”代替“依赖关系”，用“对时间的导数”代替“变化率”。

b. 为公设**找根据**，特别是**做辩护**，和阐明隐藏的假设——假设虽然似乎是自明的，可以证明为有问题的；

c. 把有关给定对象的一串陈述**演绎地排序**。

这三个任务是互相独立的：当精确化一个观念时，人们发现它可能蕴含着其他观念，或者它被其他观念所蕴含；而当给一串命题排序时，人们可能发现一个缺失的环节或者一个未被证明的前提或推论。例如，自康德以来，经验论者和现象论者把存在同可能的经验相等同，他们暗中假设了人类总是存在的，而实际上我们这个物种只约在两百万年前才产生。

60

公理系统对哲学家的主要意义在于，重要理论的直观表述的某些默认假设可以是哲学的假设，而不是逻辑的或事实的假设。例如，集合论已经被公理化了，无论有没有选择公理，建构主义者拒绝选择公理，因为他们要求一个精确的建构选择函数，而不要它的前提，正如下面这个说法“存在一个函数它是……”所蕴含的。

第二个例子：1925年海森堡发表了他的矩阵量子论，声言它只包含可观测量。但在1941年，他承认这不是真的，并提出他的S矩阵理论，事实上它更接近实验，但如果没有标准量子力学的帮助，它也不能解决任何问题，其后果就是它立即被遗忘了——甚至被它的作者，他在其1969年的回忆录中只字未提。一个实在论哲学家可以同他共享这种失望，可是在他的莱比锡讨论班上唯一的哲学家是一个康德主义者，他支持哥本哈根“精神”，其观念就是只存在于（对某人的）外观。

通常人们进行公理化带有这样一些目的中的一个：统一以前互不联系的发现（欧几里得的例子），深化一个研究领域的基础（希尔伯特的例子），或者是要消除一些悖论。例如，在1909年，恩斯特·策梅罗（Ernst Zermelo）将集合论公理化，以避免伯尔扎洛（Bolzano）和康托尔（Cantor）建立朴素理论时内含的悖论，而那个不完善使得弗雷格（Frege）和罗素（Russell）保持清醒，从而确证了彭加勒的怀疑。另一个例子：数学家康斯坦丁·卡拉特奥多利（Constantin Carathéodory）希望把热力学中散见的卡诺（Carnot）、克劳修斯（Clausius）和开尔文（Kelvin）的发现聚集、清理并在逻辑上理顺。与此相对照，我自己将狭义相对论、广义相对论和量子力学公理化的动机（Bunge 1967a）是想使它们摆脱逻辑实证论者们偷运到它们中间的主观主义的因素。

遗憾的是，头两个例子所付出的代价太高了。确实，策梅罗的公理系统处理集合的集合，所以，比起个体的概念，它更偏爱种群的概念。这种柏拉图式的偏见使得它在事实科学中没有用处，在应用方面，事实科学用的还是朴素的集合论（例如Halmos 1960），因为它从个体开始。

61

至于卡拉特奥多利的公理系统，它限于可逆和绝热过程，这很难在自然界或工业中找到，那里流行的是不可逆过程，例如稀释、扩散、爆炸、爆聚和热传递这些过程。因此，卡拉特奥多利通过从**热力学**中取出**动力学**，成功实现了数学上的严格。

这就是为什么这一领域随后的贡献，例如，拉斯·昂萨格（Lars Onsager）、伊利亚·普利高津（Ilya Prigogine）和克里福特·特鲁斯德尔，都没有从卡拉特奥多利的热静力学中得到什么帮助。后者仍然是训练工程学生的一个工具，也给予若干科学哲学家一个机会，表明他们既不懂哲学，也不懂科学。

我这一代许多学物理的学生学经典热力学用费米（Fermi）的教科书，统计力学用朗道（Landau）和栗夫谢茨（Lifshitz）的教科书。后者教导我们玻尔兹曼的最后一课：热力学远不是一门基础和孤立的学科，它是统计物理学的顶峰，它说明了热是低层次实体的随机运动的宏观物理效应。此外，它提醒我们，最有趣的宏观物理过程，那些自组织过程，是在开放系统中产生的，那里著名的第一、第二定律都不满足。

卡拉特奥多利的公理系统的一个预想不到的后果是，某些教师把它解释为关于**状态自身**的理论，而不是关于热力学系统状态（例如热传递装置）的理论（例如，Falk & Jung 1959，Moulines 1975）。这个明显的错误提示了另一点：自然科学不是关于物质的东西的（Moulines 1977）。但当然，即使像卡拉特奥多利这样的数学家，当写**状态**（**Zustasnd**）一词时，预设了这是所说的**具体**系统的状态，因为谈论抽象对象的状态是没有意义的。参见Puccini等人（2008）提出的另一种公理化，他知道热静力学是关于什么的，即闭合的宏观物理系统，那里没有出现定性新奇的东西。

5.2 模型的混乱

所有模型理论家，像阿尔弗雷德·塔尔斯基（Alfred Tarski），都知道他们的模型是抽象理论（或形式系统）的例子或解释，例如有关图、格和群——因此同科学家和技术专家设计的理论模型无关，后者是具体的理论，例如单摆。因此，对于理论物理学，整个模型理论（或结构主义的）进路，如约瑟夫·斯尼德（Joseph Sneed）（1971）和他的追随者莫林斯（Moulines）和施太格缪勒（Stegmüller）所采纳的，是一种双关的成果，就像把环理论看作是处理结婚戒指、洋葱圈之类等等。

可是，让我们回到主题。或许公理系统最大的好处不是增进了形式的严格性，而是揭示了直观表述中的默认假设，例如热力学定律的成立不用考虑基本组元的数量，玻尔兹曼对此曾表示怀疑，当他允许在组元数目小的情况下违反第二定律时。另一个哲学上更有趣的例子是，主张只有当物体被观察时才获得它们的性质，这无意中假设了，在第一个现代实验室建立之前，宇宙还没有诞生。

比较广为人知的是这个例子。操作主义者要求一切物理概念要用实验室操作来定义，这意味着要区分一个物体的两种质量：惯性质量，它出现在牛顿运动定律中；引力质量，在牛顿万有引力定律中。但经典力学的任何正确的公理化将只包含单个质量概念，允许在落体方程 $mg=GmM/r^2$ 中把 m 消去。

这并不排斥加上这样的评述，即质量有三个**方面**：作为惯性的量度，作为引力的量度，作为粒状物质量的量度。同样，电动势 A 有两个方面：它产生场，它加速带电的物质。而当写德布罗意公式 $\lambda=h/p$，人们想起粒子状（p）和波动状（λ）的比喻，但人们并不主张存在两种线性动量。

甚至爱因斯坦，除下述情况外他是一位直言不讳的实在论者，也落入了操作主义陷阱，当他承认厄缶（Eötvös）声称，他测量了一个物体的惯性质量和引力质量，发现二者等同，而实际上他是用两种不同的方法测量了单个性质——质量。同样，人们可以用漏壶、单摆、发条钟或其他手段测量时间的流逝，这并不证明有多种时间。距离、温度、能量和大多数其他量也都一样。

63 量与其测量的一对多的对应关系的最终理由是，真实东西的性质是成束地来的，不是孤立地来的——一个形而上学原理。基于同样的理由，也因为每一个测量仪器要求它自己的特殊理论和它自己的指标，只有傻瓜才把任何普遍理论拴在一个特殊的测量程序上。

有些类似的情况对于社会理论和技术也是成立的。例如，甚至标准经济学的部分公理化也足以发现它的最少量的实在论假设：市场是自由的，市场的成员是理性的（参见 Bunge 2009a）。另一个对口的例子是这个：如果直观地处理，人们就冒了这样的风险，把一个社会群体的关键特征一个个地处理，而不是与它的其他性质结合起来处理。例如，那些主张自由打倒所有其他社会价值的人，就忽视了，在权力掌握在有特权的个人（如专制君主、大亨或牧师）手中的地方就没有自由。

对现实的任何片断所采用的系统或整体的方法表明，倾向于强调关键变量及其之间联系的理论。例如，自由将与平等和团结相连接，正如 1789 年法国大革命所宣称的那样，还可以补充一点，这个著名的三角关系是建立在另一个基础之上的，即就业、健康和教育。直到政治理论家设想建构这种六角关系的方法，再到更严格地建构理论，阐明所说的这六个变量，并把它们相互关联起来（参见 Bunge 2009c）。

总之，直观思考或启发式思考可以有创造性，也比较快，但它会被混乱的概念或虚假的假设或前提所损毁，这又必然导致错误的概念推论或实践后果。在将前提和论据清理和理顺时，公理化可以拯救我们摆脱这些错误和相应的无益争论。

5.3　理论的公理化表述对抗启发式表述

“假说”和“理论”这两个术语在日常语言中是同义词。在精密科学中就不是这样，在那里，理论是命题的假说－演绎**系统**在演绎中闭合，它的组成彼此支持，所以，对它们中的任何一个做经验检验的结果都影响其他的地位。理想的情况是，有关任何领域的所有知识是包含在一个或多个理论加上一组经验数据之中。

64

绝大部分科学理论都是启发式的表述，所以任何人都以为有资格加一点任何意见，或者甚至如他们所愿地解释它们。例如，有些作者说，量子物理是关于微观实体的，而其他人主张它不允许分层次；而有些人把它有效的领域限制为受观察的对象，或者甚至是对象－仪器－观察者构成的整体，其他人承认它在实验室之外也成立——例如，在恒星上。还有，某些作者只用一页来探讨海森堡**原理**，只为了在另一页**证明**它。大多数作者自由地把“非决定”（indetermination）同“不确定”（uncertainty）互换，以至于读者不能肯定，海森堡不等式是构成一个自然律，还是关于人类理解的局限的意见。因此，人们会留下这样的印象，作者并不知道他写的是关于什么。

只有量子力学的一种适当的公理化表述可以证明，海森堡不等式构成一个定理，而不是一个原理。而只有实在论公理系统能够声言，如果为真，那些公式将构成一个自然律，而不是我们对它的认知的局限。它通过从一开始的声明，理论是关于真实的存在，而不是关于用神秘的海森堡显微镜或玻尔设想的同样神秘的盒子中的钟（其目的是要“导出”他的时间－能量不等式，但这并不是该理论的一部分）进行观察，实现了所有这一切（Bunge 1970）。

在以有序的方式推进过程中，公理化者将从老的逻辑推理中得到帮助，即没有一组经验数据，不论多么大量，都不能证明一个普遍陈述——只有当理论包含经验数据中没有出现的谓词时才有可能。对于散见于文献中的大多数无根据的见解也同样成立。它使我花了二十年时间才认识到，只有从原理出发的推理可以为这一类的任何断言作辩护。这就是为什么我要承担起把几个当代物理理论公理化的任务，并让它们摆脱没有得到辩护的哲学假设（Bunge 1967a）。

其他物理学家使这项工作更新或加以扩张（Covarrubias 1993；Pérez-Begliaffa *et al*. 1993，1997；Puccini *et al*. 2008）。物理公理系统从而成为哲学实在论同取代引用论据和一串离开正道的陈述的能力相结合的成果，成为单一的公理系统。

65

5.4　双重公理系统：形式的和语义的

欧几里得（约公元前 300 年）可能是最早的公理化者：他把以前几个世纪积累起来的几何知识收集起来并进行梳理。两千年后另一位伟人本托·斯宾诺莎（Bento Spinoza）为了哲学的目的，复活了公理系统方法。在 1900 年左右，大卫·希尔伯特、朱塞佩·皮亚诺（Giuseppe Peano）、亚历山德罗·帕多阿（Alessandro Padoa）和阿尔弗雷德·塔尔斯基使这项工作更新，并应用了欧几里得的形式。这可以总结如下：

原始的或未定义的概念。

公设或公理。

引理，或从别的领域借来的陈述。

定理。

推论。

在某些情况下，定义在列举原始概念后立即给出，而在别的情况下，它们要更晚才被引入，例如在定理中出现一个新概念。有时候，一个理论的基础凝聚为单个公理化定义，如将在 5.8 节看到的那样。

所有上面所说都是相当标准的清单，没有多大的数学趣味，因为任何人都知道一个给定的理论可以不费力地公理化，只要她/他不问选择一个而非另一个原始概念时的基本哲学动机。一个公理系统的数学形式体系，是纯结构的，不要求额外的数学说明。

例如，考察一下泡利的自旋为1/2的粒子（如电子）理论的数学形式体系。这个形式体系的核心是自旋矢量 $\sigma=u_1\sigma_1+u_2\sigma_2+u_3\sigma_3$，其中 u_i，i=1, 2, 3，是一个任意的单位矢量的分量，而相应的 σ_i 是 2×2 泡利矩阵，它是由如下方程 $\sigma_1\sigma_2-\sigma_2\sigma_1=2i\sigma_3$ 隐式定义的。迄今为止，这只需要大学生的代数。但麻烦是在开始，当有人问如何用物理术语解释，也就是说，如果她/他问什么是“自旋”的物理性质。

66

模糊的回答是，那是“内禀角动量”，这样说是因为定义它的方程类似于轨道角动量 $L=r\times p$ 的量子对应物所满足的那些方程。但是，瞬息的反思就足以认识到这个回答是一个矛盾的说法，因为大多数所说的粒子又都假设为点状的，而点是不能围绕自己旋转的。总之，电子及它们一类并不如他们编造的那样自旋。

一个更谨慎而又令人迷惑的回答是，自旋对当一个原子放入一个磁场中时，其光谱线出现的塞曼信增“负责”，以及对一个电子束进入施特恩－格拉赫仪器的磁场时的分裂“负责”。但是这些回答没有告诉我们有关基本机制或基本做法的任何东西。

按照我的观点，σ 是一个很有用的**数学辅助工具**但没有物理意义。确有意义的是**磁矩** $\mu=\mu_B\sigma$，其中 $\mu_B=eh/4\pi mc$ 是玻尔磁子。用比喻的话来说，μ_B 是依附于数学骨头 σ 的物理肉。此外，这个肉是磁性的，与自旋无关，它是动力学过程。因此，“自旋”是一个误称：电子和它们的同类不像自旋的陀螺，而像磁极。事实科学中的理论像是肉片串，其中在数学的骨架上有事实的肉依附于它们。

这个说明同海森堡用构成所研究的材料的原子的价电子的磁矩的（完全的和部分的）排列来解释铁磁性同顺磁性的差异是相符的。

同样，说明电子束进入施特恩－格拉赫仪器中强度为 H 的磁场时的分裂不是 σ 而是 μ：电子具有平行于场的磁矩（“自旋向上”）获得附加的能量 $\mu_B H$，而反平行于场的（“自旋向下”）的电子把同样的能量传递给外场。

总之，所说的物理性质或量级不是自旋，它是一块无量纲的数学骨头，受外部磁场影响的基本磁矩说明了进入磁场的原子光谱线的信增。因此，塞曼效应是用 H 引起电子内禀磁性的微扰来说明，不是用它们的虚构的自旋来说明。

67

现在让我们回到原来的主题，即**将一个事实理论的数学公理同一个赋予它事实意义的语义假设**（即指称和意义）**相匹配**。要知道关于什么假设了什么，这样一个假设是必要的。通常，语境就足以执行这个任务。但某些例子，诸如关于那些术语“能量”“质量”“熵”“势”“自旋”“状态函数”和“信息”的那些例子都远不是平常的，曾引起持续几十年的争论。理由当然是，纯数学不是关于真实事物的，甚至虽然某些数学概念，如导数和积分是同几何内容和动力学内容一起产生的。只是加上一个语义假设可以去掉歧义性，或是使事实话语中出现的数学公式“长上肌肉”。

麦金西等人的论经典粒子力学公理化的论文（McKinsey *et al.* 1953）忽略了语义学，开创了形式主义学派。在用其骨架确认一个生物体时，形式主义者不能说明为什么同一些数学概念出现在许多不同的研究领域，虽然大多数具有不同的意义。这就是为什么他们没有建设性地参与狭义相对论、广义相对论、量子力学、遗传学、心理学或经济学的争论。

物理学家没有反对量子力学的数学形式体系：关于它的近一个世纪的活跃争论关注的是它的诠释。这个问题是如此重要，马克斯·玻恩（Max Born）获得诺贝尔奖基本上就是因为他提出了著名的 ψ 的统计（实际上是概率）解释。

可是，让我们公正些：麦金西关于萨普斯－斯尼德－施太格缪勒的结构主义学派的基础性论文只是不合时宜，如果它发表在两个半世纪以前，它可能对牛顿的《原理》在 1687 年引发的牛顿派、笛卡儿派、莱布尼茨派之间的讨论给予某种启示。甚至它晚到 1893 年发表，它或许会拯救大学物理教师免受马赫的错误的“质量”定义的影响，因为所说的论文用了帕多阿的方法证明这个概念同牛顿粒子力学的其他原始概念无关。

68

一个公理系统，其中每一个关键的数学概念都伴随有一个语义假说，以确定它的指称，简述它的意义，我们就称它为**双重公理系统**（Bunge 1967d，1967e）。我们称它为**假说**，而不是**约定**或**规则**，因为它能被观察或实验推翻。例如，汤川秀树 1935 年的先驱性的介子理论开始假设是关于 μ 介子的，后来才把它描述为 π 介子。

如果忽视了语义成分，人们就冒了所谓的阿哈罗诺夫－玻姆效应那类错误的风险。这是相信有关磁场强度的 $H=\nabla\times A$ 电动势 A 只是一个数学辅助工具，有可能 $A\neq 0$，但 $H=\nabla\times A=0$。操作主义者会认为这样一个 A 没有物理意义，因为它不影响一只磁化了的针，但是实在论者会提醒她，A 会使电子减速而使质子加速，即通过改变粒子动量，其量为 $-(e/c)A$。出于这个理由，实在论者可能会建议在公理化经典电动力学时从四个电流密度和相应的势开始，而不是从场强度开始，即使它们代表了同一事物——电磁场——的不同方面（Bunge 2015）。

总之，我们重述了早期出版物中提出的公理化战略（Bunge 1967a，1967c，1967f），这不同于萨普斯、斯尼德、施太格缪勒、莫林斯等哲学家所维护的结构主义战略，这些哲学家习惯于喝酒时只啃骨头。

这种形式主义观点忽视了科学理论的语义方面，在这方面的争论中，它是我批评施太格缪勒的一本书时的靶子（Bunge 1976）。但是最老、最广泛阅读的科学哲学期刊拒绝了我对特鲁斯德尔（1984）对这个学派的大量破坏性批评的赞赏性综述。他也谈到了铁幕那边的党性哲学！

5.5　关于量子物理学的平庸观点

自从 1900 年它开始诞生，量子物理学成了许多激烈争论的主题。所讨论的问题是它的物理诠释。但是，因为这个理论要到 1967 年才被公理化，那些争论的大多数只是与理论的若干部分有关，它们基本上是物理学界的少数领袖的意见冲突，一边主要是玻尔和他的许多追随者，另一边是爱因斯坦领导的少数异见人士。

更糟的是，大多数讨论混淆了哲学实在论——外部世界实在性命题——同我所称的**经典主义**（Bunge 1979a）。这个意见是，量子理论有严重缺点，因为它不计算量子对象的精确位置和轨迹（Einstein *et al.* 1935）。这些批评者并不承认宇宙的最终组成可能不具有这些性质。与此相对照，科学实在论者他们自己并不承诺任何特殊的物理假说：他们只是论断，人们期望物理学家研究物自体。

与科学实在论相反，玻尔的哥本哈根学派主张的"正统"意见是，电子之类只有当被观察或测量时才是存在的。正统见解中最极端的主张，"宇宙完全是精神的"（Henry 2005）或者甚至是神圣的（Omnès 1999）。这种奇怪和权威的天启并不来自对量子力学原理的考察。认定并考察了这些后，一张明晰的图画出现了：从经典物理学的观点看来，量子当然是古怪的，这就是为什么它们有自己的名字——**量子**（Bunge 1967e）。但是它们并不危及希腊原子论者的计划，在外观之下，在神秘之外，揭示真实的和有不变规律的宇宙。

我们将把讨论限于物理学家和哲学家在薛定谔猫抢镜头之前所面对的主要问题，即在海森堡 1925 年的基础性论文和玻尔 - 爱因斯坦 1935 年的争论之间成形的十年。在解决早期的问题之前，匆忙地讨论后来的问题是无意义的，因为以前的问题还在使你烦恼，而且更恰当地说，仍然在**更神学地**而不是**更几何学地**进行讨论（参见 Bunge 1956）。

关于量子的大多数争论围绕着它的三个关键概念：状态（或波）函数 ψ，代表一动力学变量的算符 A_{op} 的本征值 a_k（其中“可观测量” A，它出现在方程 $A_{op}u_k = a_k u_k$ 中），在不等式 $\Delta p \Delta q \geqslant h/2\pi$ 中的符号 Δ。

对问题的主观主义诠释和客观主义（实在论）诠释，总结如下表： 70

符合	哥本哈根诠释	实在论诠释
ω	测量对象	对象自身（量子）
x	ω 的位置坐标	任意空间点
$H(x, p, t)$	哈密顿函数	ω 的能量
$\lvert\psi(\omega, x, t)\rvert^2\Delta\nu$	当在时间 t 测量 ω 的位置时**发现** ω 在 $\Delta\nu$ 内的概率	在时间 t 时 ω **出现**在 $\Delta\nu$ 的概率
a_k	以概率 $\lvert u_k\rvert^2$ 测量到 A 的值	A 具有概率 $\lvert u_k\rvert^2$ 的**客观**值
ΔM	关于 M 值的测不准度	M 真实可能的值的变化或均方差

上面的陈述的每一个都是**语义假设**，而且是有争议的。特别是要考虑关于指称物 ω 的真正存在的正统争论，或者至少是关于它与观察者和仪器分离的存在；实在论者采纳的观点是，概率代表着未来的可能性，而不是过去事件的频率或信念度；而如果天真地看 x 被解释为就是粒子的指称物的位置，由此得出它的时间导数就是粒子的速度，它在狄拉克和凯默（Kemmer）的相对

论理论中就是矩阵 $c\alpha$，它的本征值就是 $+c$ 和 $-c$，这是荒谬的，因此要求一种不同的坐标（Bunge 2003b）。

实在论诠释并不是说研究对象 ω 在所有时间都是被观察的。只有对能量算符 H 的考察能够告诉我们研究对象是自由的还是受到外部的作用，特别是测量仪器施加的作用。在后面的例子中，所说算符将包括一个项 H_{int}，它既依赖于 ω，也依赖于表征仪器的动力学变量。如果后者不出现在 H 中，如在计算自由原子或分子的能级时，那谈论实验微扰就是哲学的走私。（沃尔夫冈·泡利虽然是正统派，但也承认某些实验仪器，如光谱仪，就是非侵入性的）

让我看看你的哈密顿算子，我就可以告诉你它是关于什么的。

71 还要指出，正统观点不能确定实验者用的测量仪器和指示器，尽管普遍的仪器和指示器是可以建立的。这是有讽刺意味的，一种进路说是紧密跟踪实验室操作程序的，实际上却涉及一顶魔术师的帽子，更有礼貌的说法是，“一个‘黑箱’过程，它同实际的物理测量工作很少有关系（如果有任何关系的话）”（Schlosshauer 2007：334）。

任何关于可观测量和实际测量的负责任的谈话，都涉及详细描述具体的实验室操作过程。这种说明，联系到具体的装置和具体的指示器，在量子力学这样的普遍理论中是没有位置的，就像政治家没有权力规定 π 的值，而印第安纳州宪法的作者却确实这样做了，他们立法规定 $\pi=3.14$。因此，像狄拉克（1958）对“可观测量”的本征值所做的那样，声言它们是任何实验操作程序必然会得出的一些数值，那是错误的。如果这是真实的，那么政府就可以关闭所有的实验室，正如勒内·托姆（René Thom）所提议的，当他对他的“突变”（奇异性）理论做出生物学解释之时。

5.6　从原理出发推理，而不是引用圣经

让我们学习坎特伯雷的大主教安瑟伦（Anselm），从原理出发进行论证而不是拿着圣经的拐杖走路。在手头的这个例子，我认为，要解决如主体论 / 实在论这样的基本困境，唯一合理的方法就是考察所说理论的基础，而这又要求把它公理化。其余就是依靠引文、摆手和说教。

例如，海森堡式的关于任意一对共轭正则变量的不等式，不是靠讲神秘的海森堡显微镜的思想实验的故事，而是靠从有关的公理和定义进行严格的演绎——这项工作只需要两个定理、一个定义和一个从数学借来的引理（Bunge 1967a：252–256）。

结论是，如果我们想避免先验论、人类中心主义和教条主义，我们必须采纳科学实在论并从原理出发进行推理，而且不要以机会主义的方式。接着，事实科学中从原理出发的推理需要公理化的，至少可公理化的理论（它既照顾到内容，也照顾到形式），以取代著名人物的随意命令。而在概述理论的内容时，要从指出它的指称物开始。确实，至少人们期望知道我们在谈什么：它是在那儿的一个物，一个精神过程，一个社会事实，或是一个虚构对象。

72

5.7 精神：脑过程，信息传递，还是错觉？

现在，在心灵哲学家中，关于心灵的本性两种最流行的意见是信息主义和唯物主义。前一种意见认为，心灵是一种没有质料的**信息加工装置**——更精确地讲，一个按程序运行的计算机。与此相对照，唯物主义主张一切精神的东西都是大脑的。两种观点的另一个区别是，信息主义是一个约定的基调，唯物主义是支持认知神经科学的，后者是心理学研究最多产的分支，也是生物精神病学的科学基础（Bunge 1987；2010）。让我们简略地看看公理化进路可以怎样帮助这两个学派。

让我们从信息主义开始，它的唯一正确表述是如下命题，即心灵，像计算机，基本上都是图灵机。让我们很快地来综述这些人造物的公理理论的主要特征。基本的或初始的概念是 M（图灵机的集合），S（M 的任意成员的可能状态的集合），E（M 的任何成员可允许的输入的集合）和 T：$S\times E\rightarrow S$，函数取每一个〈状态 s，刺激 e〉对进入同一机器的另一状态 t，即 $T(s, e)=t$。

注意 S 和 E 都是集合，即**闭合的**一次给定的项集合，因此十分不同于在生物中找到的变量的集合。第二，M 的一个成员，只有当它收到一个适当的刺激，它才能从**关闭**跳到**开启**：它缺乏人脑的自启或自发的能力。第三，机器从一个状态进入另一个状态，只有当它允许 E 中的一个刺激：它不认识新的刺激，因此也不会进入新的状态——它既不能适应，也不能创造。特别是，机器既不发育，也不属于任何进化世系。不管它多新奇，它终究是负责它的工程师的产物。用我的蹩脚拉丁语说，**凡存在于机器中的，必先存在于机器发明者的脑中**（*Nihil est in machina guod prius non fuerit in machinator*）。第四，图灵机是普适的：它不取决于哪种质料或材料，而人的心灵只存在于高度发育的大脑，它通过消化化学药剂（从咖啡到迷幻药到海洛因）而改变。

与机器相对照，人脑可以自发开启，可以发明或创造，将概念与它们的符号相区别（除非他们是唯名论者），欣赏某种自由或自编程，可以发明问题，它们的解答不是生存所必需，例如“我们全能的上帝能否通过拉他的鞋带而把他自己举起”，这个问题使拜占庭的许多神学家忙了一阵。

总之，图灵机按照行为主义心理学的规定而行动，在1920年到1960年间，这个学科统治了美国心理学界——就像训练有素的老鼠和没有语言能力的婴儿。由于忽视了区分我们与老鼠的一切东西，那种心理学拒绝研究说明行为和心灵的神经机制的一切尝试。这就是为什么它不能帮助设计对比恐惧症更复杂、更常见的精神疾病（例如毒瘾、抑郁症和精神分裂症）的治疗。

同信息加工心理学相反，认知和情感的神经科学做出精确因而可检验的假说，例如“大脑扁桃体是一个情感器官”，“道德评价和决定是由额顶叶作出的”和“海马是空间取向的器官”——约翰·奥基夫确证了这一点，被授予诺贝尔奖。

这些和其他精确假说可以拼合成为心理神经理论，诸如笔者的准公理化心理神经理论（Bunge 1980）。这个理论有 27 个公设，16 个定理和推论以及 44 个定义，所有这些都涉及神经系统和它们的特殊功能，即它们特有的过程。

例如，那本书中定义 7.9（iv 页）是这样的：一个动物 a 是**有创造性**的 =“在它任何其他同种的成员之前，a 发明一个行为类型或建构，或者发现一个事件”。这样就得出公设 7.5，受唐纳德·赫布 1949 年开创性工作的启发：“每一个创造性行动是一个新形成的神经系统的活动，或活动的效果。”

5.8 团结的公理化理论

自从伊本·赫勒敦在 14 世纪所做的开创性工作以来，人们已经知道，植根于共享利益和价值的团结，是人类群体生存和社会凝聚的机制，开始是家庭，然后是帮派、村庄。特别是，边缘人物的生存是因为他们实行互助，正如拉里莎·阿得勒 – 罗姆尼茨（Larissa Adler-Lomnitz）（1975）在她关于墨西哥小市镇的先驱性研究所揭示的。

这不是无关紧要的，团结是历史上最著名口号“**自由、平等、博爱**”的成员。可是，对团结的科学研究很少；更糟的是，同一层次的过程时常同自上而下的慈善布施相混淆。下面，我们提出一个团结的数学模型，来例示双重公理系统形式体系。可是，我们从启发性提示开始。

我们说两个个体或两个社会群体相互**团结**，当且仅当他们共享他们的物质资源时，也就是说，他们中的每一方，要送给另一方他/她的部分具体货物，或者承担若干他/她的负担。

团结概念形式化的一个方法是假设单位 g_1 的资源的变化率 dR_1/dt 是正比于它自己的资源 R 加上 g_2 比 g_1 多的资源。用明显的符号表示：

$$dR_1/dt=k\left[R_1+\left(R_2-R_1\right)\right]=kR_2 \qquad (1a)$$

$$dR_2/dt=k\left[R_2+\left(R_1-R_2\right)\right]=kR_1 \qquad (1b)$$

其中，k 是常数，量纲为 T^{-1}。用第二个方程来除第一个方程，并积分，我们得到

$$R_1^2-R_2^2=c, \qquad (2)$$

其中 c 是另一个量纲常数。上面这个方程的图是在〈R_1，R_2〉平面上的一条双曲线：参见图 5.1。因为资源是正量，只有第一象限要保留。

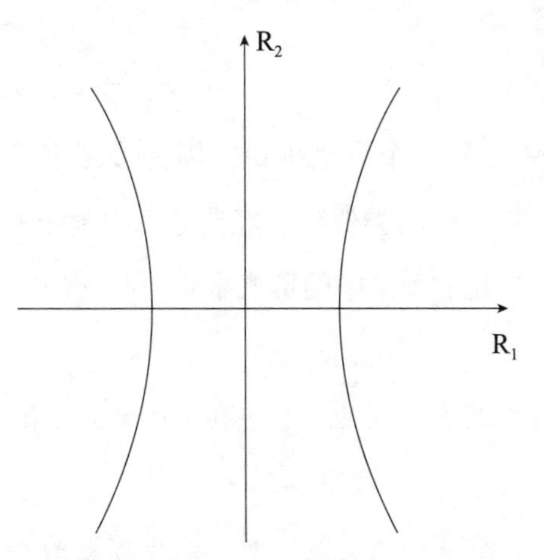

图 5.1　共享资源：方程（2）的图

下面是前面的团结模型可能的双重公理化之一。

预设：经典逻辑和初等无穷小微积分。

初始概念：G，R_i（其中 i=1，2），T，V。

定义 1：资源 R_i 的变化率是 dR_i/dt。

公理 1m：G 是可数集合。

公理 1s：G 的每个元素 g_i 代表一个社会群体。

公理 2m：每一个 R_i（i=1，2）是从 G 到实正数的集合 V 的一个函数，可以对 t 微分，其中 t 是 T 的任意元素。

公理 3s：R_i 指群体 g_i 的物质资源。

公理 4m：k 和 c 都是正实数，k 的量纲是 T^{-1}，c 的量纲同 V^2 的量纲。

定义 2. 社会群体 g_1 和 g_2 彼此**团结**，当且仅当它们满足条件（1a）和（1b）。

76

推论 1. $\langle R_1, R_2\rangle$ 平面中只有第一象限有社会学意义。这是公理 2s 的一个直接推论，因为按照定义，所有的资源都是正数。物理学中的类似物：经典电动力学中的前进波和现在已被遗忘的狄拉克的理论中的负概率。

定理 1. 微分方程组（1a）和（1b）蕴含着代数方程

$$R_1^2 - R_2^2 = c, \qquad (2)$$

其中 c 是另一个量纲常数。这个方程的图形是 $\langle R_1, R_2\rangle$ 平面中的垂直双曲线。

证明：用（1b）除（1a），得到

$$dR_1/dR_2=R_2/R_1$$

求积分，得到（2）。

定理 2. 当资源和团结都增加时，团结接近平等。

证明：双曲线（2）右边的渐近线是直线"$R_1=R_2$"，代表着资源相等。

评论：定理 2 的政治教训是，既然团结不管它初始的约定，孕育了平等，这就没有必要用外力来迫使它。可是团结并不由自身涌现：它是**自由、平等、团结**三角形的一条边。注意：波尔布特（Pol Pot）的幽灵。

5.9 双重公理系统的好处

当人们对某些关键概念的精确性提出疑问时，或者当基本假设必须确定能保证它们的协变（或参照系不变性）时，就需要公理化。可是，当一个理论的意义或内涵不明确时，我们就需要明确地陈述它们，在这种情况下，我们必须使用双重公理化。这就需要用一组语义假设来丰富一个理论的形式体系，例如"广义相对论是一个引力理论"——而不是，比如说，一个时空理论，或是狭义相对论的推广。 77

双重公理系统的主要好处如下：

a. **它保存了形式 / 内容、**先验 / 后验、理性的 / 事实的双重性。

b. **它揭示了默认的假设，**特别是含糊的或虚假的假设，如德国人所说，这是埋狗的地方。

c. **它提醒人们从一开始就要完成理论的指称，**这可以防止哲学和意识形态的走私。例如，它指出用测量来表示相对论性量子论是错误的，因为观察者、仪器和指示器这些概念都没有在原理中出现。

d. **它有助于否定夸张，**例如多世界和分支多宇宙的幻想，以及约翰・A. 惠勒的命题，**万物**（物质的物）不过是一束**比特**（信息单位），因为它们违反了标准的守恒原理。

e. **它展示了理论的合法元素以及它们的演绎组织，以及每一个组分的逻辑地位**（普遍 / 特殊，原初的 / 定义的）。

f. **它有利于理论的经验检验，**表明理论中没有指示器或指标，因此需要对每一个类型的测量至少加上一个指示器。

g. **它使理解和记忆理论变得容易，**因为它显示最重要的建构物，从而减少需要重建定理的公式数目。

尾声

我们的结论是，双重公理系统绝不是可有可无的奢侈品，因为它有助于检测错误的预设、漏洞、薄弱环节和伪定理；它对从事严肃、深刻和有用的先进科学的哲学研究是必不可少的；并且它提示，深刻的科学预设了一种亲科学的哲学。

第六章　存在[①]

某个东西是真实的还是虚幻的这个问题，可以是存在的，或者是学术的。回想一下，关于原子、以太和燃素、超距作用和自然发生、进化，以及基因的存在的主张，曾经分裂科学共同体达好几个世纪；关于存在阴道性高潮的神话直到 1966 年才被戳穿；而关于自由意志可能性的争论仍如 16 世纪以前奥古斯丁肯定它时那么激烈。

精神健康的普通人并不怀疑他们的周围事物的真实存在。只有哲学家能够否认它而毫不怀疑他们自身的存在——和重要性。普通人如果表达这种本体论虚无主义，通常会被关进疯人院。

但当然，肯定某种东西存在同声称它有某种性质是不同的。例如，一位杰出的宇宙学家新近写道（Cirelli 2015）："暗物质存在，发现它是由什么构成的当然是今天粒子物理学和宇宙学中的一个重大而未解决的问题。"

① 此文同题的修订版，发表于 *Review of Metaphysics* Vol.70，No.2，Dec 2016。——原注

6.1　导言：它是非∃

天真的读者可能会想，存在主义者会阐明**存在**一词，并会查阅海德格尔的主要著作《存在与时间》[1993(1926)[1]：440]。在那儿他会揭示存在“与存在（being）自身的真有关”。但是这个句子对夸克或 ovnis（不明飞行物）是否存在感到好奇的任何人没有帮助，如果只是因为表达“存在的真”的意思就是“真的存在”。

80

既然在文献中关于存在有持续的混乱，从巴门尼德（Parmenides）到海德格尔到暗物质的探寻者，重复哈姆雷特的名言看来是恰当的。最低级的昆虫也会默默承认，哈姆雷特的两难论法总结了生存斗争，尽管它可能重新表述为“吃或是被吃”。

关于存在的最著名混乱之一是，相信存在的量词∃在所有领域把概念精确化了。这是一个明显的错误，只要回想一下∃被定义的方式就可以认识到，即 **非－全－非**，或 $\exists xPx = \neg\forall x \neg Px$。确实，这个公式应该被读为“某些个体缺乏性质 P”，如在“不是每一个人都是非吸烟者”中。总之，∃= **若干**，不是**有**（Bunge 2012）。

① 中译本：《存在与时间》，马丁 · 海德格尔著，陈嘉映等译，生活 · 读书 · 新知三联书店，2014 年。

换句话说，以对查尔斯·桑德斯·皮尔斯、伯特兰·罗素、凡·奎因（Van Quine）和阿尔弗雷德·塔尔斯基的适当尊敬，∃应该被重新命名为**若干量词**。承认这个改正的直接好处是，消除了奎因的逻辑“本体论承诺”问题。逻辑没有这种承诺，因为它是 de dicto（指**话的**），不是 de re（指**物的**）。正如莱布尼茨（Leibniz）所写，它的真（重言式）是**理性真理**（vérités de raison），不是**事实真理**（vérités de fait）。

这些题目的无关性，是逻辑可以处处应用的理由。这也是为什么黑格尔的辩证逻辑概念是荒谬的。冲突或竞争同合作一样是无所不在的，但矛盾只与命题有关，不是存在物。

6.2 真实存在：概念和标准

现在让我们讨论真实的存在，例如新近发生了对 2012 年声称在欧洲核子中心发现希格斯玻色子的怀疑。我们将把这个概念的**定义**同搞清楚是否有某种东西真实存在或存在在这个世界中的**标准**区分开来。一个概念的定义回答问题“**它是什么**？”，一个真实存在的标准回答问题“**我们怎样知道**？”。后者是认识论问题，前者是本体论问题。金是原子序数 79 的元素，它很容易识别，只要滴一滴王水在它上面就行了，不用依靠权威或论证。

81 沿着我的唯物主义或实在论的本体论思路（Bunge 1977, 1979b），我提出如下定义。

定义 1：真实存在 = 物质性 = 可变性

形式地进行描述，对于所有 x：x **真实存在** $=x$ 是可变的。如果愿意，那么 $\forall x$（x 是一个生存物 $= x$ 能够变化）。

注意，遵循亚历山德罗·帕多阿的劝告，对于定义，我们用等号（=），不用弱得多的等价关系（当且仅当）。因此，对于所有 x，当且仅当 x 新陈代谢，x 就是活的，但是，对于生命，有比新陈代谢更多得多的事情（即，生命 $\neq$ 新陈代谢）。还要注意到这种存在类型是绝对的，或不依赖于语境的。特别是，它不取决于人的经验。

因为原则上每一个存在物 x 可以被赋予至少一个状态空间 $S_r(x)$，或者存在物 x 相对于一个参照系 r 的一切可能状态的集合，所以上面的定义可以用下面的定义取代：

定义 2：一个对象 x 真实存在 = 关于 x 的每一个状态空间 $S_r(x)$ 至少有两个元素。

例如，如果 a 和 b 命名 x 的两个不同状态，其中

a=x 在位置 p（相对于参照系 r）在某个时间 t_1，和

b=x 在位置 q 在时间 t_2，其中 $p \neq q$，

那么 x 在［t_1，t_2］时涉及两个不同的事件：

$\langle p, r, t_1\rangle \to \langle q, r, t_2\rangle$ 和 $\langle q, r, t_1\rangle \to \langle p, r, t_2\rangle$。

因此，x 在时间间隔内真实存在［t_1，t_2］=x 是一个存在物在［t_1，t_2］。

最后，我们规定如下的真实存在的标准或指标：

标准 1：个体 x **真实存在**，当且仅当 x 做出差别到达至少另一个存在物。

更精确地说，对于所有 x：x 相对于参照系 r 并在时间 t 真实存在，当且仅当 $\exists y\{(y \neq x) \& [S_r(y) \neq S_r(x)]\}$，其中 $S_r(x)$，$S_r(y) \neq \emptyset$。

等价而言，x 相对于参照系 r 并在时间 t 真实存在，当且仅当 x **作用于** y 或者相反。用符号表示，$A_{r,t}(x, y) = [S_r(y) \Delta S_r(x)]$，其中 Δ 代表两个集合之差。这就是说，$A \Delta B = (A-B) \cup (B-A)$ = 在 A 中但不是在 B 中的每个东西加上在 B 中但不是在 A 中的每个东西。

82

最后，注意**真实的存在是绝对的**。特别是，它不取决于人的经验：上述定义和标准都不是自我中心的。与此相对照，依赖主体的存在可以做如下表征：

定义 3：**一个对象 x 现象地存在** $=x$ **出现在某人的感官经验中**。

更精确地说：对于所有 x：x **现象地存在**，如果至少有一个有感觉的东西感觉到 x。

注意，第一，不像真实的存在，现象存在是相对于某个有感觉的主体——因此它也可以说成是**主观的**。第二，所说的主体是任何生命机体，能够感觉外部刺激。因此甚至可爱的**含羞草**，它的叶子被触摸时就合拢，可以说是检测了现象的存在。这个著名的事实提出了问题，是否像休谟、康德、马赫、卡尔纳普和古德曼（Goodman）这些现象论哲学家应该同有感觉的植物抱成一团。

6.3　概念存在

概念存在是在概念系统中出现的，它是建构物的集合，它们是由连接、蕴涵、叠加、函数或表形等连接关系连接在一起的。

总之，我们提议：

定义 4： $S=\langle C,\cdot\rangle$ **是一个概念系统** $=C$ **指的是建构物的集合，而 · 是** C **中的二元关系。**

概念系统的明显例子是命题、图表、群、范畴、分类和理论（=假说－演绎系统）。通过对照，句子不是系统，除非对它们的关键词做了诠释，或者赋予了意义，因此转化为命题的语言学类似物。

我们现在准备好：

定义 5： 对于所有 x，x **概念地存在** $=x$ 是一个概念系统的组成部分。

例如，$p\vee\neg p$ 存在于经典重言式的 $\langle L,\ \vee,\ \wedge,\ \neg\rangle$ 系统中，但不在直觉主义的逻辑真理系统中。数 $\sqrt{2}$ 存在于 $\langle\mathbb{R},+,\cdot,{}^{-1},<\rangle$ 实数系统中，但不在类代数中，也不在皮亚诺的自然数系统中。

83

数学存在定理（和不存在定理）构成概念存在的最纯粹标

本。让我们简单回忆它们中的两个例子：$\sqrt{2}$的无理性和费马（Fermat）大定理。最早的存在定理（或不存在定理）或许是这个陈述，即**没有**两个正整数 m，n，它们之比 m/n 等于$\sqrt{2}$。等价的陈述是，没有正整数 m，n **满足**方程“$\sqrt{2}=m/n$”。更短的说法：“$\sqrt{2}$是个无理数。”同样，费马大定理说，没有三个正整数 a，b 和 c 满足方程 $a^n+b^n=c^n$，当 n 是大于 2 的任何整数。

在这两个例子中，一个抽象对象的存在被它**满足**某个模型或某个被解释理论中的一个公式所取代。因此，这种存在是**相对**的，与此相对照，太阳的存在是**绝对**的，它不取决于任何别的东西。

在事实科学和技术中，没有这种取代是可能的，（真实的）存在（或不存在）是绝对的。例如，声称永动机是不可能的，同说这样一个动力机**会**违反（或不能满足）热力学第一定律完全一样。确实，第一个陈述只有一个指称，第二个陈述有两个，尤其是，它是反事实的。而反事实是可能世界幻想者的爱好，而在科学或技术的话语中是不允许的，除非是作为启发式工具。

此外，激进的怀疑者可能论证说，第一定律只是一个假说，所以我们不应该先验地否定任何有关永动机的研究。幸运的是，自 19 世纪中叶以来，既没有物理学家也没有工程师试图拒绝第一定律。

概念的存在性概念或它的双重概念，在大多数数学存在性定理中都是不可取代的。想一想，例如，介值定理，它肯定存在一个点 ξ，在水平轴的［a，b］区间内，有一个连续函数 f，$f(a)>0$，且 $f(b)<0$，则 $f(\xi)=0$。

但是对于这个定理，一个物质点不可能平滑地从第一象限移动到第四象限。激进的建构主义者（或直觉主义者）拒绝接受这个定理，因为它没有告诉我们如何建构这个满足条件的函数。让他们为失去这个了不起的定理付出代价吧。

84

可是，数学史上，争论最热烈的存在性陈述是**选择公理**，通常把它归功于恩斯特·策梅罗，但实际上朱塞佩·皮亚诺和贝坡·列维（Beppo Levi）在之前就提出了它。粗略地讲，这个公理说，给定一个可能的非空、不相交集的无限族，存在一个函数称为**选择函数**，它在每个集中拣一个元素。这个函数的域可以描绘为一个国家的选区的集合，而它的上域就像议员的国会。

建构主义者反对这个公理，因为它没有确定如何去建构选择集。其他人都接受这个公理。柏拉图主义者接受它，因为它证明了集合论是逻辑一贯的，不管是有这个公理或没有这个公理。而其余人接受这个公理是因为它“管用”，在好几个数学分支中，它常被用来证明定理。

选择公理在数学领域内牢固地占有地位。确实，它等价于几个别的关键数学陈述，尽管乍看起来它似乎是异端的。它们中的一个是佐恩引理，它这样说（Halmos 1960：62）：“如果 X 是一个非空、部分有序的集，X 中的每一个链有一个上界，那么 X 包含一个极大的元素。”例如，如果 $A=\{a,\ b,\ c\}\subseteq X$，且 $a<b<c$，那么，在 X 中有一个 u，对于 X 中的每一个 x，如果 $u\leq x$，那么，$u=x$。

从虚构主义的观点看（Bunge 1985a，1994，2012a），关于建构性的争论是小题大做。确实，是否存在关于一个给定数学对象的建构证明，这正如宙斯或会说话的狗一样虚构。跟抽象不同，虚构同真实存在，不只是程度差异的问题。只有那些人，像唯名主义者那样，不能区分概念存在和物质存在，才能为这场争论激动不已。

6.4 语义存在

开车上路，我看到一个停车标记，立即踩刹车。停车标记应当归属于存在吗？无疑，因为我对感知到它做出了反应。所说的标记可以称为**语义存在**，或**委托存在**。

85 当然，道路标记自身没有做什么，但是我的阅读和理解有因果力，因此它必须归属于真实的存在，但对没有能力阅读写出来的语言的人就没有意义。因果链是：路标反射了光束→我的认知系统→我的前额叶脑皮层中我的随意行动系统→我的右腿－脚系统→刹车踏板→我的汽车的刹车系统→我的汽车慢下来。

前面的陈述提示了下面的内容：

定义 6：对象 x 语义地存在＝某些动物 ψ 能够在感知和评价 x 之后产生反应 z。

第二类语义存在可以称为**指示实在**，正如“与约定论相反，场方程不仅仅是计算工具，而是代表着物理实体”。这就提示：

定义 7：符号 S 是实在论的（或者语义地存在）＝有一个 S

指示的真实的存在。

这个概念暗暗地出现在关于三个重要的物理符号的讨论中，并仍在继续进行，这三个符号是：电动势 $A_{\mu\nu}$，引力理论中的度规张量 $g_{\mu\nu}$ 和量子力学中的状态函数 y。可以讨论的是（例如，Bunge 1987，2015）这三个符号都被赋予物理意义：前两个指场（分别是电磁场和引力场），第三个指量子理论的实体。

6.5　幻想的存在

幻想可以说存在于它们自己的语境中。更精确地讲，我们提出：

定义 8：对于所有 x：x 幻想地存在 = 有一种虚构的工作，其中包含或提示 x。

例如，莎士比亚的卡利班在《暴风雨》中存在，即“有意义”，但在别处就没有。上面的句子引起豪尔赫·路易斯·博尔赫斯（Jorge Luis Borges）肯定神学是幻想文学的最完美的标本。实际上，所有文学作品，在某种程度上是幻想的，而不像气象报告和诚实的会计，这就是为什么我们读它：不是学习什么东西，而是被感动或振奋，被挑战或娱乐。

86

这些同样对音乐、雕塑艺术和艺术电影都成立：所有它们的标本，甚至是意大利现实主义派的电影也都是纯幻想的，而幻想的程度不同。因此，伊塔洛·卡尔维诺（Italo Calvino）的非存在的骑士甚至比他的原型的子爵更具幻想性，抽象数学比几何和数论更远离实在。

在人生之途中，有些时候我们幻想，有些时候是为了逃避现实，另一些时候是为了对付它，在著名的意大利电影《面包、爱情和梦想》（1953）中，一个衣衫褴褛的人，拿一块面包做午餐，只用爱情和幻想调味。与此相反，吉娜·劳洛勃丽吉达（Gina Lollobrigida），电影给予她即时的名声，却吃了丰盛的真实食品。

数学家和理论物理学家都是专业的幻想者。但是他们的幻想，不像莫里茨·埃舍尔（Maurits Escher）的那些，必须是理性的。事实上，数学活动大多数时间是证明定理——迫使某些项进入预先存在的概念系统。正如大卫·希尔伯特在一个世纪前评论的，理论物理学家有比纯数学家更艰难的时刻，因为他们期望用经验发现来证明他们的发明。确实，当他们的幻想最终变成荒唐的，就像那些弦论家和多世界迷，人们正当地谴责他们是在搞伪科学（参见，例如 Smolin 2006①）。

根据柏拉图笔下的苏格拉底的说法，未经审视的生活是不值得过的。（柯尔特·冯内古特评论说："但是如果审视过的生活结果也是一部年久失修的旧机器呢？"）关于没有幻想的人生同样可以这样说，因为，构思新理论和新的人造物，以及设计新的可行的行为过程，甚至估计它们可能的道德价值，都需要许多幻想。

---

① 中译本：《物理学的困惑》，李·斯莫林著，李泳译，湖南科学技术出版社，2008 年。

6.6 超实在论

量子论起初是如此的反直观，所以有许多不同的方式对它进行解释。甚至今天，几乎过了一个世纪，对它的许多解释共存着，虽然大多数教科书采纳了玻尔和海森堡提出的所谓哥本哈根诠释。

这个诠释是操作主义的，因为它围绕一个观察者的概念，甚至对处在恒星中心的原子也是如此。所以，它是非实在论的，可至少不疯狂。与此相对照，同一理论的其他诠释是完全荒谬的。其中一个是休·埃弗雷特（1957）提出的所谓多世界诠释，这是根据他的导师 J. A. 惠勒的提示，惠勒是许多奇异思想的作者，例如“万物源于比特”（its-from-bits）的幻想。

埃弗雷特诠释的核心是，每次我们进行测量，我们选择一个可能性，但没有杀死其他的可能性，它们在不同的世界中实现。例如，薛定谔的妖猫，当它被锁在盒子中时，是半死半活的，当观察者打开盒子时，它可能跳出来；但猫的尸体远没有消失，而是在另一个世界。我们怎么知道事情确实如此？简单：埃弗雷特**言不达意**（dixit）。现实 / 潜在的分裂变成什么，世界多重化的额外能量来自何处？啊，一次只有一个故事，请！

物理超实在论不限于量子学：它在宇宙学中也同样流行，那里通常称为**多宇宙**假说。对所有假设存在大量平行宇宙的理论的主要反对意见是，这些被假定为我们无法接近，所以所说理论在原则上是不可检验的，因此是不科学的。另一个反对意见是奥卡姆（Ockham）的忠告：若非必要，勿增实体。

尾声

我们议论了五种类型的存在，只有一种——真实存在——是绝对的，即语境无关的，特别是主体无关的。各种存在如何相似，它们彼此如何关联？让我们来看。

88

a. 真实存在是绝对的或无条件的，因此它必须要么是公设的，要么是实验证明的。此外，真实存在不分程度：对于所有 x，x 要么是真实存在的，要么不是。部分存在的概念，关于它，雅克·马里坦（Jacques Maritain）写道，是一个神学虚构，只有使**上帝是紧跟实在论（ens realissimus）的**这个论断有意义才是必要的——在存在之巨链中的最重要的一环。

b. 现象存在是相对的，因为它只在感觉器官中产生，不管是像蠕虫那样初级，或是像我们这样高度发达。我们不说精神分裂症患者，他说他看到或感觉到怪物，"只是在他心中"，因为他生动地感知它们，时常还是痛苦地，它们好像是潜伏在那儿。毕竟，现象器官，即神经系统，是客观真实的。因此，现象可以说是一度离开客观真实的过程。

c. 概念存在是相对于某个或别的概念系统，在该系统中，它必须要么是被假设的，要么被概念资源唯一地证明。例如，∃要么是用∀和¬定义的，要么是通过谓词运算的某些公设引入的，而数学的整体取决于数学家的工作，数学家当然是真实的实体。因此，甚至最抽象的概念也预设了抽象者的真实存在。一般讲，所有概念，即使那些不明确指称事实的概念，也是如雷舍尔（Rescher）（1985）所说，**以事实为条件的，**特别是，哲学的中心概念（“心灵”“真理”“善”等）“都是从日常生活和从科学输入的”（Rescher 1985：45）。

d. 语义存在只归于符号。而这些是像数字一样的感知对象，故也是客观真实的——虽然只有受过教育的感知者能够赋予它们意义。因此，在一次核灾难后，书的灰烬只会是物理的东西，而不是语义的东西了。

e. 幻想的存在只在虚构的作品中出现，被能够幻想的人所阅读。因此，幻想的存在为文学的心灵解闷。

f. 语境存在的一般概念可以用下面的约定来引入，这在早期的出版物中有提示（Bunge 1977）：

89

定义 9：令 U 指一个很好定义的对话领域或对象集合，称 χ_U 为 U 的特征函数，被这对赋值所定义：$\chi_U(x)=1$ 当且仅当 x 在 U 中，而 $\chi_U(x)=0$ 当且仅当 x 不在 U 中。存在谓词是函数 E_U，从 U 到存在命题的集合，从而 $E_U(x)=[\chi_U(x)=1]$。若 U 是真实项的集合，则所说的存在是真实的，若 U 是符号的集合，则它是语义的，等等。

上述定义表明一度很有名的论断“存在不是谓词”是无效的。主张存在和它的二元结构太重要了，以至于不能在没有证据的情况下承认或拒绝，而任何类型的存在都太严肃了，以至于不能留给存在主义者，他们是一切科学的大敌。

第七章　实在检验

通常我们解决日常生活问题所依靠的，要么是习惯，要么是权威：下属服从他的上级，病人服从她的医生，教员依据她的教科书，信仰者听从她的神父，如此等等。只有研究科学家、创新技术家等人，在应用他们的原理和规则之前，先检验它们。

特别是，科学家检验他们的猜想，或者至少，他们希望，科学共同体中有某些人最终愿使它们受到严格的检验。确实，每次他们也利用权威的论证，依靠科学的表格或论文。但是人们期望这些文本是值得信赖的、可重复的，而不是从山上说出的圣言圣语。

此外，这种资源的使用者一旦在资源中发现一个错误，就应该改正它们。懒惰的论文审查人会建议重复一个著名的实验，希望能抓住隐藏在其中的重大错误。总之，所说的权威被认为是短暂的、可辩驳的。

顺便说一句，重复实验今天在所谓的“软”科学中十分流行。已经有相当大数量的论文因为不能通过重复检验而被撤回。有些人认为，那些学科正经历一场可重复性的危机。

总之，人们期望科学家和创新技术家检验他们的假说和结论。让我们看一下从这些检验中产生的某些哲学问题，先从证据这个观念开始，证据可以是任何东西，除了是自明的。

7.1 事实、资料和寻找

在这一节中，我们将讨论我们关于事实的观念检验为真的方法。让我们从商定多义词“事实”的意思开始。我们将用“事实”来表示要么是一个物的**状态**，要么是有关它的一个**事件**，或者是它经历的**过程**。例如，这只玻璃杯包含一方块冰是一个事实，冰开始融化是一个事件类的事实，而它经历从固态到液态的转变是一个过程类的事实。注意，这三种情况都涉及一个物质的东西：所有状态都是某个具体的东西的状态，事件和过程也是有关具体的东西。不存在状态、事件或过程是关于它们自身的：每一个事实都涉及物。

92

上述思想可以用关于一个物 θ 相对于参照系 f 在时间 t 的**状态空间** $S(\theta, f)$ 的概念来表述：

物 θ 是处于状态 s 相对于参照系 $f = s \in S(\theta, f, t)$

事件 $e = \langle i, f \rangle \in S(\theta, f, t) \times S(\theta, f, t)$ 发生于 θ 相对于 f 在 t 时。

物 θ 经历了过程 $\pi = \langle s \in S(\theta, f, t)\ t \in \Delta t \rangle$ 相对于 f 经过时间间隔 Δt。

现在，假说受到检验，看它是否是（事实）真理，是否符合效率规则。二者据说都受到**实在的检验**，或者**与实在相对照**——这一过程当然预设了实在论公设。

可是，这样的对比不能是文字的，因为只有同一类对象可以彼此比较。我们可以在某些方面比较两个事实或两个陈述，但不清楚如何比较一个事实，例如一次既定的下雨和一个陈述“天在下雨”，说前者是“真实制造者”，而后者只是搬弄文字。确实，一个事实可以改变或产生另一个事实，但它不能赋予真值：只有人可以做这种评价。

后者基于命题或它们的语言包裹，即某种语言的句子。

我们也可以说，对于现在这里下雨这个陈述能够有**证据**来支持或反对：我们看到雨在下，淋湿了东西，在地面形成了水坑，我们到门外可以接触到它，等等。这样，**我们用有关资料来面对着陈述“天在下雨”**，然后做出结论，要么是所说陈述被证实了，确认了，或确证了；要么被证伪了，被动摇了或被反驳了。

93

相应地，我们做出结论，手头的资料构成了关于下雨这个陈述的**证据**。换句话说，我们经历了这个过程：**假说陈述——资料收集——用资料面对假说——假说评价**。

关于**资料**或所予（the given）就说那么多，即它们是可感知的事实——这是经验论者所关心的。这些资料对日常生活的追求是必不可少的，但在科学中却不够了，科学处理的大多数是玄妙的事实项，例如电场、化学反应、思维过程和历史事件。在做科学研究时，我们必须**寻求**事实而不是不费力气地等待它们。总之，在科学中，我们更多的是**寻找**（peta），或者说是寻求事实，而不是资料或所予。

寻找如何产生？做法既取决于有趣的事实，也取决于我们的寻找的工具。例如，要知道一条电缆是不是“活的”，我们放一枚磁针靠近它，并提醒我们自己这是伴随着电流的不可见的磁场发出有质动力的理论；要重建我们遥远的人类祖先，我们挖掘化石，并试图想象他们如何生活；要理解我们为什么必须上税，我们就必须记住制度规定是为了偿付公众服务。

由于某个假说或理论的力量，我们得到了这些**寻找**中的每一个，它是一个事实实际出现的证据，尽管难以察觉，但通过资料和所予，它是或经常是和指称的事实一样真实。例如，自1850年左右以来，有好几支探险队登山寻找我们早期祖先的遗骸。只有进化生物学为这种辛劳和费用辩护。新近中国的发现提示了关于最可能的人类分布途径的新假说。

7.2 指示器

为了要知道关于猜想的不可感知事实的某种事情，我们必须把它们同可感知事实相联系，例如水银柱的高度，电流表指针的位置，盖革计数器滴答声的频率，或者照相乳胶上显示宇宙辐射的点的密度。

95 此外，理想的情况是，这些联系是有规律的，而不是任意的。那就是说，在不可感知的变量 i（例如风速）和可感知的标记（或指示器）p（风速计的杯子在一个时间间隔内转动的次数的数值表示）之间应该有很好确证了的函数关系 $p=f(i)$。这个数值同风速有规律性关联，可以在风洞中检验。更简单的例子是拉弹簧秤的弹簧，按一级近似，拉长的程度正比于荷载（胡克定律）。

这个特殊的指示器是直观的，而大多数别的科学指示器却不是。想一想，例如，高血糖是胰脏功能失调（例如，糖尿病）的指标，它的因果链是：胰岛功能失调→胰岛素缺乏→糖过剩→甜尿→苍蝇聚集在尿池周围。奥斯卡·闵可夫斯基（Oscar Minkowski）和约瑟夫·冯·梅林（Joseph von Mering）在 1889 年通过对一条切除了胰脏的狗的研究建立了这条因果链。顺便说一下，他们解决症状→疾病这个逆问题，把它转化为正问题，即通过切除胰脏引起疾病，再观察后果。为什么明柯夫斯基怀疑胰脏，而不是别的器官，这是另一个故事了。

总之，检验一个关于某种看不见的事实的假说，我们必须制作第二个假说来帮助我们设计一个可感知的指示器，或所说的不可感知事实的可感知的标记。每一个指示器是具体的，即它特别依赖于指示器和被指示的东西的质料类型。因此，标度不能用灰泥制造，盖革计数器或 pH 仪也不能全用木头制造。因此，普适的（即与材料无关的）指示器和仪器的观念是错误的。而这种错误的假设对于所有所谓的普遍测量理论（如冯·诺依曼的），以及对于有关经验操作的经验论文本都是共同的，它们都假设所有测量皆是直接的。此外，指示器的概念未能出现在绝大多数科学哲学教本中。

更糟的是，有从事社会研究的一整个学派，它的唯一公设是这种研究**必须**摒弃科学方法，因为它们是在“解释”事实——当然，不像科学假说，解释是主观的，因此是不可相互比较的。

96

7.3 理论模型

没有一个像量子力学、进化论或理性选择经济学那样的普遍理论，能不用进一步的努力，就直接说明特殊的事实。一个普遍理论 G 每一次应用于特殊类型的事实，都需要用一组有关要说明的事物的特殊资料或寻找 P 来充实 G，例如它们的数目、密度、电传导率、职业或收入分类。

例如，有一个行星运动理论，和一个截然不同的骑自行车的理论；我们需要用上百个化学元素的每一个元素的理论来说明它们不同的光谱；以及，接受经济智慧（或愚蠢）的速率，我们不应当期望单个经济理论既能适合美国经济，又能适合洪都拉斯的经济。

可是，社会科学中的大多数理论模型却是从头开始，而不依靠普遍理论。格尔德 · 布希达尔（Gerd Buchdahl）称它们是**自由的**，我宁可称它们为**特设的**，而布拉斯维特（Braithwaite）称它们为**小理论**（西班牙文 teoritas），既自由，又限于理论模型，因为它们的指称类是狭窄的。无论如何，它们不应当同数学模型理论中研究的模型相混淆，因为这些是抽象理论的例子。例如，一个任意的集合同关联操作构成半群；半群的一个模型是整数集和 +。结构主义者混淆了事实科学中的理论模型与模型理论中的模型。

在科学中，不仅是质料，结构与环境也事关紧要。例如，两个化合物由同样的原子组成，但如果它们的结构不同，它们的整体性质也将不同：它们是同分异构体。同分异构体间的分子差异必然在宏观层次有其对应物。想一想巨大的生物学差异源自核苷酸 A、C、G、T 的不同顺序吧。不用奇怪，像脉搏这种生物学指标，与像酸性或手征性这样的分子指标，就有如此大的差异。

大多数哲学家忽视或小看了理论在设计测量仪器和实验方面的作用，以及在科学理论评价方面的作用：这就是为什么经验论完全不能说明科学经验。我们扼要举两个例子：狭义相对论的产生和 X 射线晶体学的产生。

97

爱因斯坦的狭义相对论（*SR*）是产生于关于非常不同的物的两个理论的比较，即关于物体的经典力学同关于电磁场及它们的源的经典电动力学的比较。当爱因斯坦开始思考它们的关系时，他知道他的前辈亨利·彭加勒和 H.A. 洛伦兹已经注意到，牛顿的物体运动定律在伽利略群的参照系变换中是不变的，而麦克斯韦方程在更全面的群（即洛伦兹群）的变换下是不变的。

爱因斯坦的原创性贡献是公设（a）这种二重性必须消除，（b）这种消除需要选择一个更有力（更真实和更深刻）的理论，（c）偏爱电动力学胜过力学，（d）重新建构力学使它的运动定律相对于洛伦兹变换不变。

其结果改变了力学，其状况吓倒了所有那些相信理性力学就是数学的应用，故不需要实验的人；它也吓倒了经验论者，因为爱因斯坦的公式不是从任何测量产生的——特别是，它们不是由迈克尔逊（Michelson）和莫雷（Morley）极度精确的测量凝聚而成的。（有讽刺意味的是，这些人都不接受爱因斯坦的贡献）

同大多数人的期望相反，爱因斯坦关于距离“缩短”、时间“膨胀”和质量随速度而增加等准则都在实验上确认了，甚至被那些力图拒绝它们的物理学家确认了。哲学教条，有时理论是老的好，有些经验结果是自明的，都被否定了，使得经验论者和新康德主义者无话可说。

甚至在一个世纪以后，关于狭义相对论的科学和哲学文献仍充满了严重的错误，著名的有混淆相对性与主观性，混淆不变性与客观性；相信不变性原理是自然律（而不是元定律，即关于定律的定律）；相信 $E=mc^2$ 是普适的，事实上它对无质量的实体（如光子）并不成立；而保罗·费耶阿本德争辩说，相对论质量概念同经典质量概念是“不可通约的”（不可比较的）（参见 Bunge 1967a，1974a）。

98

总之，现代科学并不适合标准的科学方法观，按照这种观点，它归结为如下序列：

观察→假说→检验→数据→分析→结论

我提出的实际科学研究计划符合图 7.1 概述的序列，表明思想先于观察。

背景 假说
世界观 > 指示器 >可检验假说→检验→原始数据→分析→结论

图 7.1　现在的科学研究计划观概述

7.4　实验室中的哲学：从经验论到实在论

经验论仍然是科学共同体中流行的知识哲学。从古到今，经验论是围绕这些实指的特征（如形状、大小、重量、颜色、结构）而形成的。显然，这种原始的方法论不可能说明现代的科学新奇事物，如理论指导的实验和科学模型中内禀的理想化，如分子的球加杆模型，以及忽视被制成模型的物的“不完备性”，如局部形变和不均匀性。

为了说明真实世界的复杂性和我们发明的用来说明真实物的所有模型中内禀的简化，我们必须制造一个远比经验论精致的知识论，不论是经典的或是逻辑的。这个新认识论是**科学**（与朴素相对立）**实在论**（参见 Mahner 2001）。让我们来看看，它在 X 射线晶体学的案例中如何有效地起作用，这个实验方法被弗朗西斯·克里克、詹姆斯·沃森、莱纳斯·鲍林和罗莎琳德·富兰克林用来开创分子生物学。

如果一束 X 射线对准一块晶体，它对衍射波的影响记录在照相底片上，人们得到的要么是一组同心圆，要么是一组平行的波带，它们都不像晶体中的原子或分子。

攻克这个问题的最好方法是把给定的逆问题，即从可见的衍射图样猜测所说的不可见的排列，转化为一串正问题，如在别处曾讨论过的那样（Bunge 2006）。事实上，X 射线晶体学家尝试了 99

各种可能的晶体结构，并计算了用一束想象的 X 射线照射概念晶体所产生的相应的衍射图样。那就是，她 / 他对每一个晶体类型进行了傅里叶分析，将数学图样同真实的图样作比较，并选择一个与真实类型符合得最好的。

这种间接的方法是试错法的高度精致的形式。所说的数学分析是在一个世纪以前由约瑟夫·傅里叶（Joseph Fourier）发明的，而由威廉·亨利·布拉格（William Henry Bragg）和他的儿子威廉·劳伦斯·布拉格（William Lawrence Bragg）拿来应用，他们二人因为他们的贡献获得了诺贝尔奖——纯数学的美丽片段的一种预想不到的应用。

实验装置大致如下。X 射线束射向一块未知组成和结构的晶体，由晶体衍射出来的射线射向照相底片。最后，可见的同心圆环或平行波带同假想的晶体作比较，看看这些理论模型中的哪一个与产生的图样符合得最好。（参见图 7.2）

实验室　X 射线束→真实晶体→真实衍射图样

↑ ↓ 比较和选择

数学模型　射线束→假想晶体→假想衍射图样

图 7.2　X 射线晶体学

7.5　归纳，演绎，还是假说推理？

如果有人问，上面概述的推理过程是归纳过程还是假说 - 演绎过程，我们的回答是：都不是。确实，在那条推理链中，主要的一步是布拉格父子的方法，它包括**发明**一组假想晶体结构，**演绎**相应的假想衍射图样，并将这些同保存在胶片中的真实图样作**比较**（参见图 7.2）。既不是发明，也不是比较，既非归纳，也非演绎。顺便说，既没有概率，也没有归纳（从特殊跳到一般），逻辑经验论的（特别是卡尔纳普的）科学说明的两极出现在给定的推理过程中。

100

至于波普尔的可证伪性，我们已经（在第二章）看到，它不是科学的印戳。可以承认，在中流或在最后的评价步骤中，人们总是寻求可能的反例（例外）。但没有最初的种子，就没有后来的野草，发明必定出现在多产、原创和有意思的研究过程中。

尽管复杂技术的使用日益增加，从脑成像到计算机模拟，到统计分析，杰出的心理学论文只有 39% 是由意图增强可重复性的一群人分析的，并通过了重复（Bohannon 2015，Open Science Collaboration 2015）。更糟的是，有关生物医学研究的论文 75% 结果是完全错误的（Ioannidis 2005）。

约安尼迪斯（同上）认为，这个问题的一些主要根源是，样品规模小，不能坚持共同的设计标准，题目的“热度”和财务利益。除了这些，我们可以增加服从权威，发表压力，无意识地想确认我们的偏见，从关联关系跳到因果关系，以及丹尼尔·卡尼曼（Daniel Kahneman）（2011）[①] 同他的合作者研究的特殊认知

① 中译本：《思考，快与慢》，丹尼尔·卡尼曼著，胡晓姣等译，中信出版社，2012 年。

陷阱。

在科学和医学课程中加上逻辑和科学哲学课程是否会显著提高科学成果的质量，是可以争论的。确实，课程可能包括阅读卡尔纳普（Carnap）（1936）的著名的有关可检验性与意义的文章，它将方法论——科学检验的研究——同意义相混淆，而意义是属于语义学的主题。课程的参考文献也可能包括波普尔的一篇文章，这是他试图用假说的非概然性来说明假说的真值，似乎他认为与真理赌博也是有意义的。常识的药剂也许可以避免上述错误，甚至更多。医学治疗在执行之前，应该加以分析并服从实在检验。

101

7.6 循证哲学?

伽利略和其他科学革命的发动者必须浪费一些时间来同统治哲学作斗争，特别同知名的塞扎·克雷莫尼尼（Cesare Cremonini）的亚里士多德主义，后者是伽利略的同事，他在其著名的关于"两大世界体系"（实际上是太阳系的模型）的对话中称伽利略为辛普利邱。

大多数哲学史家把这一事件解释为经验论对先验论的胜利。他们忘掉了在伽利略的时代，经验论远不是初创的，它已是成熟的认识论。确实，经院哲学的中心教条是**"在理解中没有东西不是先在感官中存在"**（Nihil est in intellectu quod prius non fuerit in sensu）。

新科学一再违反了这条原理，因为它拥抱或引入了一些观点，例如围绕太阳的行星轨道，惯性，重量同自由落体加速度无关，第一性质优于第二性质，这些都是与观察资料不一致的。总之，科学革命不是赞成经验论，而是实践一种经验论同理性论的综合，而牛顿主义和达尔文主义加强了这种综合。只要想一想原子学说，血液循环，以及如海王星和黑洞等以前从未见过的天体的理论发现就知道了。

人人都知道新科学打倒了许多流行的哲学神话。今天仍然在争论的是，哲学应该继续是疯狂思辨的场所，还是应该需求科学证据。提出这个问题时正当 1800 年左右发明非欧几何的时候，这否定了康德的教条，即欧几里得几何是一门先天的学问，它使得经验成为可能。

有些新康德主义者，特别是博学的恩斯特·卡西尔（Ernst Cassirer），试图修补康德的哲学，使它能为科学家所接受。但是，像果戈理（Gogol）那件该死的大衣一样，康德主义证明是没法补救了。类似的命运等待着逻辑实证论者——特别是鲁道夫·卡尔纳普、菲利普·弗兰克、汉斯·赖兴巴赫和卡尔·亨佩尔（Carl Hempel）——他们试图用现代逻辑的药剂来复兴实证论。他们也失败了，因为他们保留了康德和马赫的现象论。他们认为认识论不需要本体论基础，应该避免所有的大问题，从外部世界独立存在开始，心身联系，寻求社会正义。总之，新实证主义者只是名义上的科学哲学家。但在他们的时代，他们是唯一值得与其讨论的人，因为他们拥抱了逻辑和科学主义。

102

结论是，循证哲学仍然是一个令人着急的研究计划，笔者对它做出了某些贡献（Bunge 1974—1989）。

第八章　实在论

近代思想史中许多最活跃和冗长的争论，是有关某些实体的实在性。提一下如下的样本就够了：超自然的实体存在吗？在死后还有生命吗？空间和时间是它们自己存在在那儿的吗？原子和以太存在吗？机遇和力场存在吗？有薛定谔猫吗？弦论的弦和膜是实在的吗？有超距的向心力和作用吗？有另外的世界吗？大爆炸和自然发生出现了吗？生物学物种是真实的吗？存在目的指向的生物学项吗？有生物学定律吗？有天才基因和犯罪基因吗？天生知识和心灵感应发生过吗？自我和自由意志存在吗？概念存在吗，或者只是符号？俄狄浦斯情结和集体记忆存在吗？社会主义曾被实践过吗？理性自我主义和集体合理性存在吗？人类活动所致的气候变化是真实的吗？

8.1　没有事实和事实真理就没有科学

大多数科学家围绕实在性进行争论，把它作为获取知识的日常过程的部分，但是他们不花太多时间关注真实存在或客观存在的概念——或人类心灵之外的存在。与此相对照，科学家花许多脑筋和时间来设计和操作仪器去探求某个东西是真实的还是虚幻的。这就是为什么他们在实验室或观象台工作：去发现新的物和事件，或去检验猜想——总之，去评价实在性主张。消除了实在和事实真理这两个孪生概念，你就从科学跳到科幻小说或幻想艺术了。

104

然而，某些最好的科学家发出了反实在论的宣言，并被无批判地重述。例如，玻尔和海森堡说，物理学家并不研究自然，而是研究我们关于自然可以说些什么。但这显然是错误的，是从某些非实在论的哲学家那里贩运来的，而不是他们自己的科学经验。例如，玻尔的原子理论是关于原子的，而不是玻尔关于原子的陈述；原子碰撞发生在那儿，并非在我们的语言工具里。同样，海森堡的著名不等式涉及“粒子”，而不是认识论或语言的范畴。物理实体不具有文法性质，而陈述不能被电场加速。我们不要被科学家临时制作的哲学评论所愚弄，这些科学家希望表明他们懂得现代的学院哲学。

从贝克莱到康德的近代哲学中，实在的东西被忽略了，因此科学家设计了复杂的程序去检验存在性假说——到了这个程度，以至于某种最荒唐的胡说被加上“存在的”尊称。与此相对照，许多哲学家，甚至自我标榜的实证论者，把实在的本体论概念和客观性的认识论概念看成是有问题的，到了这个程度，时常把**事实**和**真理**这几个字加上可怕的引号，不让别人认为他们不深奥！

例如，贝克莱反对实在论的诡辩，康德关于时空主观性的夸张论证，仍然被认为更值得讲授，胜过埃拉托色尼估算地球半径的方法，胜过斯帕兰扎尼对青蛙如何再生的研究，胜过怀特海（Whitehead）的研究，他证明了屈服于无争议的权威会让下属生病并缩短寿命。

总之，科学家一直在研究实在，技术专家改变了实在，而最有威望的哲学家自1700年左右以来，一直用他们颇高的机智来怀疑或甚至否定实在。本章的余下部分将致力于考察他们的某些论证。

8.2 实在论命题

哲学实在论是这样一个命题：主体外部的世界不依赖于主体而存在。这就是说，实在论者或客观主义者，当他们感知或思考宇宙时，决不相信他们建构了宇宙，而主张宇宙先他们而存在，105 它现在造成了他们，现在毁坏了他们。他们还补充说，我们能做的，最多是给这个世界增添一些人造物，例如钢笔和学校，或者用别的办法使它变得贫乏，例如用枪和屠杀。这些都是所有各种色彩的实在论者所共有的，特别是朴素的实在论者，他们相信世界就像他们的邻居一样，而科学实在论者知道，需要做许多研究来发现隐藏在外观背后的东西的某些部分，因为这些表象受主体的限制，并难以控制。

与此相反，非实在论是这样一个命题，宇宙依赖于研究它的主体。这种自我中心主义的见解由唯我主义者（“只有我”）、建构主义者（“一切都是人的建构”）、现象论者（“只有表象存在”）、“参与宇宙”的迷信者（“没有主体则没有世界”）、认为事物都是信息丛的信仰者（“它由比特构成”）所共享。自我中心主义也为那些重复庸俗见解的人所共享，他们说“世界是你通过它来看世界的晶体的颜色”，而这对社会世界也成立，因为我们建立了它，但这把本质搞错了，世界是无色的。例如，许多穷人，选票投给财阀，是因为他们落入了右翼煽动家的泥坑：他们不是由事实引导，而是他们制造事实，正如托马斯“定理”所预测的那样。

唯我主义是一个命题，即一条绦虫会认为（如果它会想）：“只有我，围绕我的是我的宿主。我的座右铭是‘Sum，ergo sunt’（我在，故皆在）。”这个命题是如此荒谬，没有一个有正常心智的人会有这种主张，然而，某些科学心理学家写道“脑是建构世界的器官”，甚至说“世界是脑引起的幻觉”。让我们期望这些周末的幻想家能得到适当的计划和材料，使他们能有比现在他们与实在论者共享的世界更美好的世界。

当然，这些科学家可能所想的不是他们所写的：他们可能想说，人脑建构了世界的形象或模型，而不是给世界照相。如果是这样，为什么不明确地说，而是模仿那些把绘制地图者同世界创造者相混同，把他们的地图同地图所表示的领土相混同的建构论者呢？可是，被告可能用他们自己的辩护词回答，他们在大多数关于语义学（意义和真理理论）的参考书中没有找到“表示”和“指称”这些词。

下面让我们看一看最广泛扩散的非实在论学说。

8.3 现象论和现象学

非实在论的最流行版本是现象论，它的命题是：世界的构成是现象，即对某人的外观（Kant 1787：724），或“可以通过经验知道的对象”（Husserl 1913：52）。然而康德和胡塞尔都是如此糊涂，他们否认曾经否认宇宙的自主存在。

现象论是人类中心主义的一种形式，或者至少是动物中心主义的一种形式，因为如果没有有感觉的生物，就没有外观。回想一下，能够欣赏或忍受外观的生物是在几十亿年前出现的，这就足以驳倒现象论。总之，现象与感觉细胞是同时代的。信任外观的动物可能是短命的，它们几乎没有留下后代。总之，进化有利于实在论。

埃德蒙德·胡塞尔（1913）[①]的现象学，称为**唯我学**可能更好，它继承了康德的命题：世界是 Erlebnisse（即经验）的总和。但他不像康德，康德虽然因缺乏数学修养而不理解科学，但他承认尊重科学，而胡塞尔认为，外部世界不值得探索。实际上，胡塞尔追随奥古斯丁，命令我们去考察我们自己，变得迷失在思想中，假装世界并不存在。这就是为什么他的哲学也可以称为**唯我学**。

“把世界放进括号里”的操作称为 épokhé（悬置）。这个希腊

① 中译本：《纯粹现象学通论》，胡塞尔著，李幼蒸译，商务印书馆，1992 年。

字原意是判断的悬置，或者是从承诺退却，如说“我不声称知道凝固汽油弹对你是好还是坏。”在各种场合，胡塞尔自己（例如，1928：31）绝对地说，因为它的内向立场，现象学“最反对客观科学”。（详细的批评参见 Bunge 1951）阿门！

唯我论同自我中心主义和逃避主义是同义语，而那些从事**悬置**的人说是在实践“现象学还原”。在日常生活中，他们据说是不负责任，个人主义，不做决定，甚至是愚蠢的。例如，某人假装没有听到正当的求助请求，我们可以以学者的腔调说，他正在实践现象学方法。或者，换句话说，他可以承认他的座右铭是意大利黑衫军的座右铭：**“我不管”**（Me ne frego），或者更委婉的说法是“我不在乎”。

8.4　非实在论在经验论中是新近的和内在的

107

时常有人认为实在论是边缘哲学。实际上，在西方哲学史中的绝大部分时期，处于边缘的是非实在论。实际上，在古代和中世纪，非实在论不为人所知，它的唯一贡献是引导哲学家离开严肃的问题。这就是为什么在哲学系之外很难找到它，为什么近代科学产生的任何哲学争论，它都没有参与。

事实上，贝克莱（1710）之前的欧洲哲学家都是实在论者。他们不明确说这一点，是因为没有著名的非实在论者和他们争论。相信世界是虚幻的和人生是个梦是佛教的特征

（Tola & Dragonetti 2008：263），以及少数小说作家，如卡尔德隆·德·拉·巴尔卡（Calderón de la Barca），他想用悖论使我们昏眩，而不是用发现或发明来启蒙我们。此外，激进的怀疑论者，像塞克斯都·恩披里柯（Sextus Empiricus）和弗兰西斯科·桑切斯（Francisco Sánches）曾经是并将永远是例外，因为虚无主义阻碍为生活而斗争。只要想一想那些否认正在追赶他们的美洲豹的实在性就可以了。

非实在论是经验论的一个未曾预料到的结果。我说“未曾预料到”，是因为经验论者的意图是盯住经验资料，把它理解为事实的表达——因此时常将事实同资料相混淆。乔治·贝克莱，这位或许是最早的逻辑一贯的、激进的经验论者，明确地看到了这一点。这就是为什么他有勇气去主张他的立场是符合常识的，远不是自相矛盾，因为它符合人类的经验，即我们看、听、触摸、尝味道，并有本体感受的印象。换句话说，贝克莱的命题是，只存在现象（**本体论现象论**），所以只有它们可以被认知（**认识论现象论**）。低等的虫可以意见一致，而灵犬莱西就要狂吠。

8.5 诠释学和计算主义

诠释学，或语言学唯心主义，是一种学说，按照这种学说，世界，至少人类社会，是一种语言，或者，“像”一种语言。换句话说，诠释学是以诠释为中心的，它赋予语言学家、文学批评家和其他书呆子型的人以说明一切的任务。这个学说是狄尔泰学说的旁支，又被路德维希·维特根斯坦和他的追随者独立地重新发明，他们试图把一切问题皆还原为“语言游戏”；也被阿尔弗雷德·柯日布斯基（Alfred Korzybski）和“普通语义论者”重新发明，他们习惯于聚集在已倒闭的杂志ETC（《普通语义学评论》）周围；也被克劳德·列维–施特劳斯（Claude Lévi-Strauss）和其他“普通符号学家”如著名的小说家安伯托·埃柯（Umberto Eco）重新发明；也被存在主义者雅克·德里达重新发明，他具有“解构”的声誉；在某种程度上，它也被约翰·L.奥斯丁（John L. Austin）和他的追随者约翰·塞尔（John Searle）重新发明，他们夸大“言语行为”的重要性，比如法官的判决“我判你终身监禁”。如果你不喜欢手工劳动，尝试一下“做文字工作”。这不会提供面包，但它可以给某个人一份学术工作。

所有这些文本主义者都未曾做过科学研究，甚至对他们时代的杰出科学发现也未付予任何注意。遵循胡塞尔的劝告，他们对真实世界闭上眼睛，而只生产文本或对文本的评论——因此形容词“文本主义者”适合他们。他们的文本中的某些只是学术胡说，像海德格尔的“存在的本质是**它**自身”，或者是愚蠢的文字游戏，像德里达用écrit（文本）、écran（屏幕）、écrin（骨灰盒）等词做游戏那样。

计算主义的标语是“一切都是计算”，也是接近于文本主义，试图把一切事实皆还原为符号。可是，与文本主义相对照，计算主义对智力工作处理算法的、“机械的”或遵循规则的方面提供了某些有用的工具，特别是真实过程的计算机模拟，有些已用在技术和管理方面。还有，计算主义者处于最重要的真实事实的边缘，有时提供我们关于事实的清洁表象。特别是，信息加工心理学家什么也没有说明，也不帮助治疗精神疾病，因为他们忽视了心灵的器官。

8.6 混淆事实与现象

历史上，认识论的现象论（cognoscere est percipi）先于本体论的现象论（esse est percipi aut percipere）。尤其是，人们可以认可前者，但不是后者，正如托勒密曾经这样做过，当他命令他的同伴天文学家去“拯救现象”之时（参见 Duhem 1908）。

事实和现象的概念时常被混淆，虽然，诸如知觉等现象，只发生在神经系统之内。实际上，我们知道，自然界是无色、无味的，而且也不会闻气味。但是，当然我们也知道，我们看到有颜色的东西，当它们反射了光，激发了我们的视觉系统，闻到释放分子的东西，而这些分子被我们鼻子中的神经末梢所检测到。总之，现象只发生在脑中，事实发生在宇宙的各处。简言之，**现象⊂事实**。

109

伟大的托勒密拒绝太阳系的日心模型，因为他是一个经验论者，而实在论者哥白尼和伽利略采纳它。然而还有一些哲学家，他们不知道，或不承认事实自身（即本体）和事实对我们（即现象）的差别。例如，巴斯·范·弗拉森（1980）[①]声称量子论允许人们去计算原子现象。但是，当然没有像原子现象这样的事情。最小的感觉检测器是脊椎动物视觉系统中的特征检测器。不能听从警告“只对你的眼睛”，因为能够看的不是眼睛，而是视皮层，当眼睛受到光脉冲的刺激，就作用到视皮层。

其他学者维护或攻击客观主义或认识论的实在论，而不关心它的本体论支持。马克斯·韦伯（1904）最卓越的和广泛阅读的方法论论文讨论了这个问题，但他没有认识到它同威廉·狄尔泰的哲学相矛盾，而他在其杰作中［Weber 1976（1922）］却解释和赞同了狄尔泰的哲学。

一个世纪后，科学史家达斯顿（Daston）和伽里森（Galison）（2007）出版了一部大部头的有大量插图的论美学客观主义的著作，或形象（如解剖图、地图和肖像画）实在论的著作。哲学家和科学家对耶罗尼米斯·博斯（Hieronymus Bosch）和莫里茨·埃舍尔的幻想发明或毕加索（Picasso）和达利（Dalí）的变形画没多大兴趣，而更关心社会科学家是否能够防止党性来干预客观性，以及物理学家是否能够产生与物理世界的主体无关的模型这些问题。因此让我们来讨论当一位最伟大的哲学家思考主客观问题时所感到的困惑。

① 中译本：《科学的形象》，B.C. 范·弗拉森著，郑祥福译，上海译文出版社，2005 年。

8.7 康德的非决定

伟大的伊曼纽尔·康德在实在论问题上不是始终一致的。实际上，在他的第一部《批判》(Kant 1787b：33）的序言中，他认为这是“哲学和人类一般理智的耻辱”，因为有些哲学家否定了世界的实在性。但是在同一部著作的核心部分（Kant 1787b：724)，他断言，**“世界是现象的总和”**(die Welt ist eine Summe von Erscheinungen)，即世界是外观的总和。在几页以后，他警告说，问是否存在某物，那不是可能经验的对象，是“无意义的”。显然，当他写这句话时，他忘了他以前的陈述，即否定世界的客观实在性是耻辱。

110

康德的继承者，新康德主义者和实证论者，从孔德到维也纳学派，他们拥抱康德的本体论现象论和他的命题（物自体的存在问题是无意义的)。特别是，博学的约翰·斯图尔特·穆勒（John Stuart Mill)(1843）和保罗·纳托尔普（Paul Natorp)(1910)，新康德主义者的玛尔堡学派的领袖，定义“物”是“一组可能的经验”。他们应该做出结论说，不存在位置，像青年康德的星云，空无所有，只能有经验。

阿尔弗雷德·N. 怀特海和伯特兰·罗素一度拥抱现象论，虽然没有提供论据。最终，罗素（1940）[1] 改变了主意，采纳了科学实在论，而且提出了若干有意思的例子。其中之一，用我的话说，每一个光子，都是由一个原子从一个能级到一个更低的能级时产生出来的。物理学家可以测量发射出来的能量，但不能测量所说能级的能量：这些只能靠计算——也可以通过应用磁场和电场以可预测的方式改变。

8.8　驳非实在论

当著名的语言学大师塞缪尔·约翰逊（Samuel Johnson）知道乔治·贝克莱否定世界的自主存在时，他踢了一块石头，表明他不同意贝克莱的意见。但求助于实践，可以支持教训，但不是哲学论证。

奎因和古德曼（Quine and Goodman）（1940）发明了最廉价的方法去做文字游戏，即在理论中“消除逻辑之外的谓词”，把它的公设改变为定义，同时抑制那些隐含的存在性假设，诸如“谓词 P 的指称类是非空集”（Bunge 1967b，vol.1：132）。谁要是采纳了上述约定论的诡计，他也应该提议关闭所有实验室和观象台。不用说，没有人使用奎因－古德曼的诡计，最终，奎因采

111

① 中译本：《意义与真理的探究》，伯特兰·罗素著，贾可春译，商务印书馆，2012 年。

纳了物理主义（个人通信，1970年左右），而古德曼成为一个建构主义者——唯心主义的最时髦的版本。

最流行的支持实在论的现代论证是，公认的科学理论适合于它们的指称。但是这种适合只是提示这些理论不是纯粹的幻想，而多少是它们对象的适当（真的）表象。关于一次梦魇的真实叙述或忠实的形象的表述，如戈雅关于理智的梦的描述，不是关于实在，而是关于做梦的人。错误在于接受所说的论证，而其中的指称是混淆的。

因为关于世界的真并不证明它的实在性，让我们尝试双重战略：让我们看看虚假可以在何处引导我们，如我在我的“海拉斯和费隆诺斯间的新对话”（Bunge 1954）中所做的那样。吉尔伯特·赖尔，当时是《心灵》杂志的主编，承认他喜欢这篇文章，但他不能违反杂志不刊登对话的政策。柏拉图、伽利略和贝克莱何其幸运！

接着让我们考虑一下平坦地球学会的会员资格。当我们告诉他们，麦哲伦的环球航行证伪了他们一千五百年前的教条，我们该做什么？我们所做的是让他们的信仰面对有关实在性的资料，并且我们倾向于后者。这就是，我们确认了世界一部分特征的实在性，显示关于它的至少一个表述是虚假的。我们用一个特别的新谚语来做结束：**真成了假**（Esse est errare）。

8.9　科学研究预设了实在论

没有必要去试图证明外部世界的实在性，因为我们在日常生活中就预设了它。回想一下，我们醒来以后我们每时每刻所做的事情就够了：我们知道了我们直接周围的环境，我们在其中穿行，避免挡路的障碍物。这就是说，我们的行为像实在论者，即使我们承认有某种非实在论的幻想。

确实，有些杰出的探险家，特别是量子物理学家，曾经声称世界是他们的创造。但是他们没有为这种夸张说法展示任何证据。如果人们分析他们提出的理论中的基本观念，人们找不到任何对观察者或实验者的指称（例如 Bunge 1967a，1967b，2012a）。 112

例如，一个自由“粒子”（就像外部空间的一个电子）的哈密顿算符或能量算符，只包含一项，即表示它的动能的算符；如果研究对象或指称是一个氢原子，人们就加上一项，代表质子电场中的电子的势能；而如果原子是处在一个外部电场或磁场中，人们就加上一项代表它在场中的势能。人们将徒劳地寻找代表一个观察者或甚至一个测量仪器的项：在所有上面的案例中，出现的只有自然的物理实体（粒子和场）。对观察者和仪器部分的指称只出现在纯文字的评论中，哪里有那么多任意的哲学移植物。人们可以加上一句“上帝愿意”。

8.10 从希罗多德到量子专家

有时候，希罗多德（Herodotus），据说是欧洲编史学之父，曾幻想出爱国的热诚。例如，他认为，大波斯的骑士淹死在雅典的小河中。与此相反，我们相信修昔底德（Thucydides）的《伯罗奔尼撒战争史》，因为他为战争失败的一方战斗，不会夸大雅典人的胜利，也不会谄媚他们的临时将军。据我们所知，修昔底德坚信他的情报员提供给他的事实，他们都像他自己一样，目睹了这些事实。总之，修昔底德比希罗多德更真实。

两千年过去了，吞咽了圣徒传、民族主义编年史、谎言、唯灵论史学家的半真理，我们推崇利奥波德·冯·兰克（Leopold von Ranke），称他为“科学编史学的奠基人”，即使这个称号应该属于修昔底德。我们推崇兰克，因为他在浪漫过盛时期，坚持历史学家的任务是要说“**实际是怎样的**”（wie es wirklich war），即真正发生了什么，而不是压制、夸大或说谎，以利于祖国或意识形态，而这仍在发生。新近的一个显著的编史学谎话的例子是说英美联军，而不是红军，通过摧毁德国军队和最后的柏林碉堡而结束了第二次世界大战。

113 换句话说，兰克，正如他的时代的地质学家和化学家，期望他的同行采纳如下定义：

告诉真的事实 F = 告诉 F 是如何实在地发生的。

简要地说，对于兰克，就像对所有科学实在论者一样，对一真实事实 F 的描述应当同 F 相符。我们也可以写：**如果命题 p 陈述出现事实 F，那么 p 为真（true），当且仅当 F 是实在的（real）。** 因此，“真”和“实在”，虽然没有共同的内涵，却有共同的外延。

主观主义者，特别是建构主义者，事实真假的概念没有用处，因为他们规定，世界是任何人希望它是的那个样子：对于他们“怎么都行”，这是保罗·费耶阿本德的名言，他说这话时正是他夸大他以前的老师卡尔·波普尔的怀疑论的时候（参见 Stove 1982）。与此相反，对于一个实在论者，事实真理概念，即观念符合于事实，是至关重要的。

可是，关于真理在科学和技术之外所起的作用，我们没有可靠的资料。如果了解否定实在在新近的政治和商业事件中所扮演的最异乎寻常的失败角色，如大萧条，纳粹的兴起，以及伊拉克战争，那是特别有意思的。对观念 / 事实不相符的这种研究，会有怎么样的效果呢？

虽然观念符合事实这个想法对科学至关重要，但我们必须承认，符合或适合的服装概念对裁缝是有效的，在这里，两个物质的、可感知的事物，即身体和衣服，是可比较的；而这种符合或适合的观念，比如说，化学反应公式和化学反应本身在比较的时候就失效了，因为前者是概念对象，而后者是物质对象。在这个例子中，我们必须将事实的真的直观概念精确化，这个操作需要某些数学概念（参见 Bunge 2012b）。注意到以下这一点就够了，莱布尼茨（Leibniz）（1703）[1] 注意到**事实真理**（vérités de fait）和**理性真理**（vérités de raison）之间的对比，而塔尔斯基（1944），这个所谓“定义了真理的人”，融合了两者。像这类例子，确认了流行的信念：哲学没有进步。

8.11 实践哲学：六种实在论

迄今为止，我们探讨了实在论和它们在理论哲学（逻辑、本体论、认识论和方法论）中的双重属性。下面我们将简要考察属于实践哲学中的价值论实在、人类行为学实在、伦理学实在、美学实在、法学实在和政治学实在等概念。可是，我们将限制我们自己借助字典来定义它们（Bunge 2003a）。

114

激进价值论实在论，柏拉图的特点，认为一切价值都是客观的观念，而且先于有价值的对象以及它们的评价者。与此相对照，**温和价值论实在论**主张，有些价值是客观的、被发现的，其他的是主观的、被发明的；在外部世界没有价值自身，而只有有价值的对象；每一件有价值的东西只是在某些方面有价值；而只有生命机体能够做评价，所以价值同生命一起，出现在三十亿年前（Bunge 1962a，1985b）。这些假设意味着人类评价不仅随着生物进化而改变，也随着人类历史而变化。记住新近贬低苦行主义

① 中译本：《人类理智新论》，莱布尼茨著，陈修斋译，商务印书馆，1982 年。

和生理勇气的价值就够了。

人类行为学实在论与实在论共有一般特征，但限于有意的人类行动。**伦理学实在论**是前者的一部分，否认善与恶的实在性，但是它主张，我们可以甚至必须对于可以直接影响或通过环境影响其他生物的意图和行动进行分等——如好，坏，或不关心。

与流行的信念相反，并非一切估价都是主观的；有时，我们可以也必须找到经验证据来赞成或反对这样一些陈述，如“互助是好的”，“无缘无故的进攻是坏的”，“显著的社会不平等令人厌恶”，“无知是危险的”，或“政府是国家的保管人”——因此，“自由主义同专制一样是反社会的”。

最后，**美学实在论**认为，美与丑是客观的、普遍的。温和美学实在论者只会注意到艺术的价值在历史过程中创造和废除，其中的某些被一个人群的全部成员所拥抱：ars filia temporis et societatis（艺术是时代和社会的产物）。例如，在西方国家受过教育的人中，今天几乎没有一个人喜欢媚俗的东西、“社会主义实在论”、金属摇滚或荒诞派戏剧。

另一方面，在同一人群中，帕台农神殿和庞贝马赛克，以及阿尔汉布拉宫殿和巴黎圣母院，贝多芬的交响曲和印象主义的绘画仍被人敬仰。总之，在艺术事务中，主体论对某些人起作用；而实在论对另一些人中的部分起作用，对另外的部分不起作用。115 艺术，似乎是文化领域中相对主义占统治地位的地方。

在很不同的基调上，**法学实在论**要我们注意形成过程中的法律而不是公认的法律文献（例如，Lundsted 1956，Pound 1954，Stone 1966）。对于一个法学实在论者，法典是社会行为和政治治理的手册。这就是说，实在论者把法典看作是法学讨论和斗争的暂时产物，这些讨论和斗争涉及立法者、政治家、法学活动分子、律师、社会学家，以及研究法律如何和为什么被制定、修改和废除的历史学家。当前关于种族歧视、妇女的生殖权的争论和斗争构成一个很好的案例，适当的法律在公众空间被高声挑战，在议会和法庭被修正——在迈克尔·摩尔（Michael Moore）的讽刺电影中也有反映。

虽然法学实在论看来像是最现实主义的法哲学，但它远不如它的竞争者法学实证论和自然法那么流行。法学实证论不过是因袭主义的一种形式，因为它会在实施死刑的地方同意死刑，在别的地方反对死刑。因此，虽然它声称法律是道德中立的，实际上这个学派在道德和政治上是令人憎恶的（Bruera 1945，Dyzenhaus 1977）。

至于自然律，这个表达本身是荒谬的，因为，看一看法学史就会发现，它是一个脆弱的人造物。只要回想一下有关使用和废除所有私有财产（包括奴隶）的罗马法。显然，法治随着社会而改变：过去被认为是公正的法律现在会认为是不公正的，反之亦然。尤其是，诉讼当事人、他们的律师和法官现在用的法律范畴，例如战争罪，以及承认如DNA测序那样的科学证据，在新近以前，还是难以想象的。总之，自然律的概念是一个逆喻。然而，自然律学派仍然包含法学实证论所没有的一点重要的真理，即任何法律可以在道德上得到辩护或受到挑战：法同道德交叉，所以正义≠法。

最后，**政治实在论**有两个版本，科学的和意识形态的。前者包括道德感知同实用法规的关系，它限于注意（a）政治有两个方面，权力斗争和它的执行，即治理；（b）没有人群可以逃避政治；（c）政治学家更注意政治处理和冲突，不太注意修辞，时常用说谎来动员或麻痹人们，所以，不像后现代作家，他们不应该混淆政治行动和政治叙事。116

理智的实在论者通过协商和合作寻求和平，而不是战争，正如欧洲的政治家在 1648 年签署了《威斯特伐利亚和约》，结束了三十年战争时最终意识到的那样。

与此相反，《凡尔赛条约》（1919）的签署者结束了第一次世界大战，践踏了人民自我决定原则，强加给德国苛刻和羞辱的条件足以孕育纳粹反作用——如凯恩斯所预见。我们真正从我们的错误中汲取教训了吗？

8.12　反形而上学反作用

形而上学，或本体论，直到现代，仍是哲学的核心。当科学在哥白尼、开普勒（Kepler）、伽利略、笛卡儿、维萨里（Vesalius）、波义耳（Boyle）、哈维、惠更斯（Huygens）、托里拆利（Torricelli）等人的头脑和手中重新产生时，形而上学很快在西方失去了名誉：它被看作落后世界观的一部分。换句话说，学者对未曾预料到的科学革命的新奇性的冷漠或敌意，产生了所有形而上学都是不必要的，或者甚至是可鄙的想法。

当时人们认为，既然新知识不是从读古籍中得来，而是不理它们，而且时常反对它们，那么这就需要建立一种新的知识论，以利于进一步发展。只有霍布斯和斯宾诺莎是形而上学的破损船只。

经院哲学的批评者，从中世纪的唯名主义者到弗朗西斯·培根，都试图将认识论同本体论分开。现象论者走得更远，它们试图将本体论简化为他们自己的主观主义认识论。乔治·贝克莱（1710）是他们中间最有独创性、最激进、最雄辩和最暴烈的一个，发现新生的微积分中的漏洞，但他不敢冒犯牛顿的力学（1687）[①]，这是历史上第一个成功的科学理论。与他相反，休谟（1748）有勇气批评它，尽管他没有理解它所需的数学。

117

贝克莱和休谟知道他们是逆流游泳，康德却对牛顿在口头上恭维，自以为进行了一次哲学中的"哥白尼革命"，而实际上他的主观主义是反哥白尼的。可是，康德在世时，没有得到推崇。特别是，法国启蒙运动忽视了他。

康德被几个同时代人严厉批评了。特别是，古怪的天才约翰·海因里希·朗伯（Johann Heinrich Lambert）——莱昂哈德·欧拉和丹尼尔·伯努利的朋友——徒劳地试图说服康德，他错误地把时空设想成是主观的。在他1770年10月13日的信中，朗伯告诉康德，变化是同时间相联系的，没有时间，就不能理解。"**如果变化是真实的，那么时间也是真实的，不管它可能是什么。如果时间不是真实的，那么没有变化是真实的**"（apud Kant 1912, vol.1，p.101，原文加重点号）。我没有看到康德回答的证据。他的

①中译本:《自然哲学之数学原理》，牛顿著，王克迪译，北京大学出版社，2005年。

唯一合理的回答可能是放弃了他那主体中心的形而上学。

然而康德的哲学在黑格尔攻击启蒙运动之后在学术界获得了胜利。事实上，在整个 19 世纪，学院哲学被康德和黑格尔所统治，同时，物质科学巩固了地位。在 19 世纪末，有几位杰出科学家试图把物质从科学中排斥出去。让我们看看他们怎么说。

8.13　将物质科学去物质化

自从贝克莱的《人类知识原理》（1710）出版以来，物质概念就是唯心论的 bête noire（鬼怪）。科学家很少用这个词，因为它属于哲学词汇，但是他们不能不用它的逻辑附属词，**身体**、**作用物**、**生命机体**、**个体**和**商品**——这些词没有一个可以用精神词汇解释，除非做严重的歪曲。

威廉·狄尔泰称社会科学为 geistig（精神），但没有一个他的追随者声称它的指称，即真实的人是可以不吃、不排泄物质的东西而活下来的非物质的存在。不过，他们确实主张一切社会的东西都是精神的或文化的——打过仗的老兵都不会同意这一点。　118

怎么可能把物质概念从科学中排斥出去而不依靠诡计呢？恩斯特·马赫（1893）[①]，一位杰出的实验物理学家和心理学家，认

① 中译本：《力学及其发展的批判历史概论》，恩斯特·马赫著，李醒民译，商务印书馆，2014 年。

为他找到了方法。他所谓的证明可以分为三个步骤。第一，定义“物质的”为“有质量的”，即使电磁场——马赫的《光学史》忽略了它——是无质量的。第二，考虑一个由两个物体用一根弹簧连接起来的系统。按照牛顿第二运动定律，把它们连接在一起的力是 $F=m_1a_1=-m_2a_2$。因此，物体 1 的质量同物体 2 的质量之比等于 $m_1/m_2=-a_2/a_1$。第三，看啊：罪恶的相对质量概念已经简化为无害的加速度之比。

应该有人告诉马赫，他所谓的证明是循环论证，他所谓的证明涉及他意图消除的概念。然而，无数的教科书重复了马赫的错误超过了一个世纪——这是对大学物理教师的逻辑的悲惨评论（参见 Bunge 1966，1968）。总之，马赫不能拒绝唯物论。尤其是，他发现的以他命名的“马赫带”对认知神经科学（唯物主义的孩子）做出了有价值的贡献，因为那些带是由于视网膜的神经元的抑制而引起的，而侧面是被中心发光的刺激所激发。欢迎回到唯物主义阵营，马赫教授！

唯能论是 1900 年左右的另一个反唯物主义武器。它的要旨是这样的命题，即宇宙是由能量而不是由物质构成的。它的倡导者是威廉·奥斯特瓦尔德（Wilhelm Ostwald），一位杰出的物理化学家，诺贝尔奖获得者。在他 1895 年的训词中，他宣称唯能论已经克服了科学唯物论。而且，同马赫一样，几年前，他也攻击了原子论——直到 1908 年，他才承认实验支持了原子论。

任何人读过一个公式，如 $E(a, f, u)=n$ 是物 a 相对于参照系 f 的能量，单位为 u，都知道 E 不是一个实体，而是某个具体的（物质）实体 a 的**性质**。例如，著名的相对论公式“$E=mc^2$”

119

对于任何具有质量 m 的物都成立，不管它是物体还是粒子。对于光子（因为它是无质量的）的相应公式是“$E=h\nu$”，其中 h 是普朗克常量——这是每个东西量子化的记号——而 ν 指光的频率。总之，每个能量都是某个具体实体**的**能量，它不是世界基本组成的候补者。因此，唯能论是不真实的。然而，一个世纪以前，它曾得到某些思想家的支持，他们以为它克服了唯物论和唯灵论。

8.14　将形而上学同认识论相结合

原则上，形而上学同认识论是不可相互简约的，因为前者是关于所有实体，而认识论限于我们对它们的研究。例如，逻辑上可能同时承认唯物主义的思想，即思想是脑的过程，而脑发明了世界。同样，逻辑上也允许主张，世界自身存在，而思想是在非物质的心灵中。总之，关于唯物论 *M* 和实在论 *R* 以及他们的否定，有四种逻辑上可能的组合。我曾经提出 *MR* 组合，并为反对其他三种组合做了论证（例如，Bunge 2006，Mahner 2001）。

虽然有区别，逻辑上分离，但本体论同认识论**实际上**是相互依赖的。理由是，前者告诉我们哪些类的客体可以存在，认识论考察我们必须论断它们存在或不存在的理由。可是这种考察甚至不能计划，除非我们对知识对象的本性做出一些假设，如果只是作为一种可行的假设：它是真实的或是虚幻的，物理的或是社会的，可知的或是神秘的，等等。这是我们应当把认识论同本体论连接起来的缘由。如果我们加上同当代科学总体的相容性，我们可以称它为**物质实在论**（hylorealism），那就是实在论同唯物论的融合（Bunge 2006）。实际上，所有哲学家都用过物质实在论的范畴，例如外观、物自体和世界观等。

物质实在论使我们摆脱了没有物自体的现象（贝克莱、休谟、康德），多重可能宇宙（普特南、克里普克、戴维·刘易斯），没有认知者的知识（波普尔），缸中之脑（普特南），还魂尸（克里普克）和类似的奇怪幻想。物质实在论的一个额外好处在于，它是一个研究纲领——因此是失业保险。

120

最后，虚拟现实有多真实？虚拟现实技术设计了产生幻觉的人造物，例如飞行，从上往下看世界。显然，所有这些模拟都是真实的，但它们没有一个给我们外部世界的客观形象。有些虚拟现实的装置是用来娱乐，有的用于教学，还有的是用来发现动物行为的某些方面，例如视觉刺激对老鼠的行走和探索环境的影响。总之，虚拟现实不同于外部实在，它涉及一个感知的动物，和利用电子学和计算机科学的装置。或许称它为**模拟感知**更为恰当。哲学教训当然就是：**实在性≠客观性**。

尾声

在西方，哲学实在论在 1633 年伽利略审判前被认为是理所当然的。自那以后，大多数哲学家反对实在论，同时，科学家同技术家仍在实践它。

第一次否定实在的独立实在性的科学家是量子物理学家，他们在某些普及出版物中（从来没有在他们的专业论文中）宣称量子论已经否定了实在论。爱因斯坦由于把实在论同经典主义——这个教条是所有物必须具有经典物理学预测的性质——相混淆，使这场争论复杂化了（Bunge 1979a）。

半个世纪后，第二个混淆产生了，即涉及所谓的**定域实在论**，与纠缠有关，或与个体性丧失有关。陈述“定域实在论已经被实验否定了”的真实意图，是要说纠缠涉及**接触作用**原理的垮台。按照这个原理，两个相互分离的东西，必须通过第三者（例如场）介入二者之间，才能相互作用。在场论中根深蒂固的这个原理的丧失，同实在论没有关系，但同系统的箴言“一旦是一个系统，永远是一个系统”有关。牛顿可能搞糊涂了，莱布尼茨可能会感到高兴，因为他主张世界的统一性和连续性。

121

按照我的观点，关于一个理论的实在性的争论可以通过把它公理化来加以解决，因为这个操作显示了发现和分析理论的基本概念，检验它们中的任何一个是否指称到观察者。我因此能**证明**非相对论性量子力学同其他基本物理理论一样，都是实在论的（Bunge 1967a）。

我的远距离学生桂勒莫·柯瓦路比阿斯（Guillermo Covarrubias）和黑克特·伍塞梯奇（Héctor Vucetich）正如同后来的学生山提亚哥·佩雷茨·伯格里亚法（Santiago Pérez Bergliaffa）和古斯塔沃·罗梅洛（Gustavo Romero），确证并改进了我对量子力学和广义相对论的实在论重建。这些研究计划没有一个对所说理论的反直观成分提出挑战，特别是量子态的相干和退相干（或投影），量子系统组分的纠缠，或时空的胶状特性。如果这些特征不是实在的，它们不可能以惊人的精确度在实验上被确认（Zeilinger 2010）。

总之，科学实在论已被证实了，而非实在论沦落到路旁，只因为它没有鼓舞过一个成功的研究计划。如果你告诉我你的哲学曾鼓舞了什么研究，我就会告诉你你的哲学的价值（Bunge 2012a）。

第九章　唯物论：从机械论到系统论

唯物论是一组哲学，按照这种哲学，宇宙的所有组成都是物质的，而不是精神的。虽然唯物论有时同实在论相混淆，但二者在逻辑上是彼此独立的，因为唯物论是本体论，而实在论是认识论。因此，四个可能的组合〈M，R〉，〈非 M，R〉，〈M，非 R〉，〈非 M，非 R〉在逻辑上都是可能的。

唯物论在古印度一直被容忍，直到蒙古的入侵，但在西方，自柏拉图以来，它一直受到压制。但是禁止唯物主义，不能防止它持续下来成为科学家和医生的自发的、静默的本体论。

9.1　从早期的唯物论到科学革命

在西方古代哲学中，几位最著名的唯物主义哲学家是德谟克里特、伊壁鸠鲁和卢克莱修。

在西欧，唯物主义在 1500 年左右随着科学而复兴，主要是在对自然科学和心灵哲学感兴趣的亚里士多德派中间。这些唯物

124

论者和隐藏的唯物论者称他们自己为亚里士多德派，事实上，他们确实是。确实，亚里士多德的力学和海洋生物学对非物质的实体没有什么用处，而有些亚里士多德哲学家攻击灵魂不死的教条，坚持这位哲学家关于灵魂的定义是“躯体的形式”，这意味着它在死后消失。这是斯萨尔·克雷孟尼尼（Cesare Cremonini）的中心命题，他是伽利略在伟大的帕多瓦大学的著名同事和竞争者（参见 Renan 1949）。

矛盾的是，亚里士多德派哲学家不欢呼科学革命。相反，他们保持为他们古代的导师的命题辩护并做出评论，而新科学的核心是整整一束原创的研究计划，诸如伽利略关于运动物体的研究，吉尔伯特（Gilbert）关于地磁的研究，帕斯卡（Pascal）关于大气压同高度的关系，维萨里关于人体解剖，波义耳关于化学，哈维关于血液循环的研究。他们全都认为自然是物质的这个观点是理所当然的，但他们的哲学同事却几乎没有注意到这场科学革命。

9.2 笛卡儿，反常的哲学家 – 科学家

笛卡儿，通常被尊称为“近代哲学之父”，但也被称为“戴面具的哲学家”，因为，虽然他承认相信上帝，相信非物质和不死的灵魂，但他也猜测这是松果腺（一个脑器官）的功能。总之，笛卡儿在它的某些著作中是心理神经二元论者，而在别的著

作中是一元论者。

法国启蒙运动的唯物主义哲学家没有被蒙骗：他们把笛卡儿论世界的论丛（1664）看作是隐藏的唯物主义。

简要地说，当现代性到来时，唯物主义仍然在新生的科学共同体的庇护之下，而大多数哲学家仍然在唯灵主义阵营之内。笛卡儿想在每个阵营踏上一只脚，因为他把实体分为广延的或物质的，和思想的或非物质的。

125

近代唯物论的正统故事是少数高峰（但影响不大）的序列，例如斯宾诺莎、伽森狄（Gassendi）和霍布斯。这三位几乎是同时代的，但很快被深奥得多并更有影响的贝克莱及其后继者——康德、黑格尔和他们的思想后裔：孔德、玛尔堡的新康德派、马赫、狄尔泰、胡塞尔、柏格森、克罗齐（Croce）、秦梯利（Gentile）以及今天的后现代主义者，特别是社会建构论者——所超越。

让我们暂时集中谈谈启蒙运动的苏格兰分支，它包括两个大卫，大卫·史密斯（David Smith）和大卫·休谟（David Hume）。按照新近的意见调查，其中一位成为整个历史上最著名的哲学家，他就是大卫·休谟。他有自己的经验论版本（1739），这深受贝克莱的影响。而他的全面怀疑论更是广为人知。但是，同贝克莱相反，休谟是一位哲学自然主义者，因为他是非宗教的，并主张理智是情感的奴隶——他把知识当作是谋生的工具——虽然他没有进一步的阐述。不管怎样，他的哲学是非实在论的、非唯物论的，并且政治上保守——正好是法国启蒙运动激进一翼的对立面。

9.3 哲学家中的唯物论

弗里德里希·朗格（Friedrich Lange）的流行的《唯物论史》（1866）[①] 比任何哲学通史——如哈拉尔德·霍夫定（Harald Høffding）、爱弥尔·布雷希尔（Emile Bréhier）、伯特兰·罗素——更详细地讨论了唯物论。但是，朗格是尼采的追随者，他没有提供对他的时代的科学理论的分析来支持他的主张，即它们支持唯心论（Lange 1875 vol.2：533-534）。尤其是，他主张，康德称为"物自体"的东西实际上是为我们之物，因为我们用同一概念描述二者。研究康德的专家仍在争论这个问题。

世界上大多数哲学课程都忽视了唯物论者和隐藏的唯物论者，特别是属于法国启蒙运动激进一翼的那些分子——他们是霍尔巴赫、狄德罗、爱尔维修（Helvétius）、拉梅特里（La Mettrie）、马里夏尔（Maréchal）、克鲁茨（Cloots）和他们的朋友。在麦吉尔大学，我在那里教哲学，教了半个世纪，我是唯一探讨那些不被向往的东西的人，而同事教诺姆·乔姆斯基广为传播哲学见解。

126

实证论和辩证唯物论的例子就更为复杂：孔德的实证论源自康德主义和科学主义的结合，而辩证唯物论是将黑格尔的含糊

① 中译本：《朗格唯物论史》，朗格著，李石岑等译，河南人民出版社，2016 年。

的辩证法同法国唯物论相结合。逻辑实证论者声称超越了唯物论 / 唯心论的鸿沟，办法是忽视它；而马克思主义者通过采纳黑格尔的辩证法和费尔巴哈简化的唯物论（实际上远低于霍尔巴赫一个世纪以前提出的理论），改进了庸俗的或机械的唯物论。

9.4　马克斯 · 韦伯，反唯物论者但又是半个实在论者

那些研究实在性的人必定采纳哲学实在论，这应该是明显的。现代社会学奠基人埃米尔 · 涂尔干（1895）明确地理解这一点，他坚持社会事实应该被看作同物理事实一样真实。马克斯 · 韦伯，另一个被推定为该学科之父的人，没有受到前 – 后现代主义者习惯于吹嘘的笛卡儿澄清的保护。事实上，韦伯摇摆在客观主义（Weber 1904）和狄尔泰的唯心论的诠释学（Weber 1921）之间。让我们浏览一下他的著作，同杜尔凯姆的著作不同，他的著作对社会哲学施加了强有力的、持久的影响。这种影响大部分是由于他得到新康德派的支持，而首先是因为他被看作是反马克思的——其实他并不反马克思，因为他缺乏马克思的原创性、社会敏感性和政治勇气。

127

韦伯最著名的是他的唯心主义命题，加尔文教派产生了资本主义，因为二者都爱好刻苦和节约。但是，当然，每个人都知道，在节约钱之前，人们必须赚钱，而商业资本主义产生于北

意大利（梅迪奇家族）和南德意志（富格尔家族），而不是在刻苦的日内瓦——加尔文的出生地。人们也都知道，工业资本主义的摇篮是曼彻斯特，不是阿姆斯特丹——加尔文教派的另一个席位；如果没有采矿业和有关香料、贵金属、水银、丝绸、鸦片等贸易的利润，尤其是把非洲奴隶卖到美国和加勒比种植园工作的利润，这些财富是无法获得的。

总之，韦伯关于资本主义－清教主义联系的唯心主义命题是完全虚假的。同样，他幻想印度的种姓制度是从聪明的婆罗门学者的头脑中想出来的，而不是长期侵略和征服的历史结果。韦伯的所有这些意见，都没有经验证据的支持。

可是，对我们来说，幸运的是，韦伯不是一个始终一贯的唯心论者。确实，在1904年同一年，看到了他最著名然而又最弱的出版物，也看到他为社会科学中的客观主义（或实在论）所做的动人辩护。但是这篇卓越的论文被他对狄尔泰的**理解**（Verstehen）方法的表扬抵消了。按照狄尔泰，社会科学家（Geisteswissenschaftler）必须做的是掌握行动者的意图——确实是一种自由猜测的事情。

具有讽刺意味的是，他自己的**理解**没有帮助韦伯理解世界大战的政治和军事领导人的意图。他偏爱战争的继续，直到苦涩的终了。这也不是他唯一的盲点。确实，他的大部分著作是关于僵死观念的历史，不是关于形成他的时代的伟大事件的历史。事实上，韦伯不注意工业革命，不注意在所有大洲的殖民冒险，不注意奴隶贸易的利润对英国工业的投资，不注意以科学为基础的工业的出现，不注意合作主义、贸易联合主义、社会主义、女性主义和世俗主义的兴起——或者不注意科学方法扩展到社会科学和生物社会科学和技术方面。

总之，韦伯跟马克思不同，他不理解自己的时代，对他的国家的命运没有什么影响。这种失败可能植根于他的书呆子气，以及他试图将他的唯心论的形而上学同他的两个互不相容的认识论——科学中内在的实在论和**理解**学派的主体论——相结合。 128

9.5　现代科学家接受唯物论

正统的哲学故事忽略了重要的事实，那就是，虽然大多数专业哲学家回避、歪曲或诋毁唯物论，但自伽利略以来，唯物论在所有自然科学中取得了激动人心的胜利。确实，所有现代自然科学家，研究的都是在物理层次、化学层次和生物学层次的物质的东西。只有意念弯匙者和精神分析家仍在写心灵支配物质。

可以讨论，时空中的具体东西也许是非物质的。可是，爱因斯坦的引力理论（即广义相对论）的中心方程，告诉我们一个复杂得多的故事，即时空会随着物质的消失而消失。确实，所说的方程可以简化为“$G=T$”，其中 G 描述时空，T（所谓的物质 - 能量张量）描述引力场的源。

如果物质张量 T 处处为零，即如果宇宙变空了，则不会留下任何物质，甚至也没有空的空间。因此，就广义相对论而言，真实的存在和时空性是共存的：一方不存在，也就没有另一方。换句话说，时空涉及物质，物质涉及时空，所以，真实的是**时空中的物质**。

将时空同物质相分离，正如将运动同运动物相分离一样错误，如亚里士多德所说。因此，物理学家用物质概念，即使他们不用相应的词。而宇宙只“穿”一件几何度规，即黎曼几何度规，所有其他几何都是幻想，虽然欧几里得几何是对中等大小的身体和量子的最好近似。

我们是否应当更进一步来断言时空是物质的？让我们从引力波的实在性的证据开始，这是2015年由激光干涉引力波观象台（LIGO）的团队提供的。因为这些波仅仅是时空中的涟漪，所以时空更接近于胶状的格网，而不是僵硬的格网。现在，在我们的本体论中，“*x* 是实在的”等同于“*x* 是物质的”，这又等于“*x* 是可变的”。因为LIGO的人们证明了时空是可变的，他们也不自觉地证明了**时空是物质的**。

129 可以承认，这个结论是令人困惑的，因此，值得有一个详细的物理学哲学研究计划来进行现在的工作。再补充一句，尽管有自贝克莱以来的唯心主义哲学家，也有从马赫到惠勒等若干杰出的物理学家，做了许多去物质化的努力，物质概念仍牢固地存在于物理学中，物理学可以被认为是最基本的物质科学，因此是对唯物论的一个辩护。

唯物论在社会科学中也开辟了若干重要的进路，特别是在编史学中。事实上，像伊本·赫勒敦在五个世纪以前那样，**年鉴**学派成员在1950年左右活跃起来，他们总是在开始时寻找普通人在哪儿生活，他们用什么谋生，他们吃什么，他们彼此如何对待：

他们实践着古代的训谕 Primum vivere，deinde philosophari（人先为人，尔后传道）（参见，例如 Braudel 1982，Schöttler 2015）。

唯物论对新兴的生物社会科学也很有影响，这些学科是：人类学、考古学、社会地理学、人口学和后来的心理学、认识论，以及教育科学。例如，没有人能够否认贫穷，特别是营养不良，延误了儿童的发育，这也说明了经院哲学的贫困（Cravioto 1958）。

总之，唯物论在近代最伟大的成就不是孕育了在科学之前（例如在原始的佛教中）的无神论，而是它鼓舞了原子物理学和化学，“机械论的”（非活力论的）生物学，进化生物学，科学人类学和编史学，以及认知神经科学——它的指导原理是“一切精神的都是大脑的”。顺便要指出，这个原理证明，唯物论者并不低估思想，他们只是把它们放在它们出现的地方。

哲学也受到唯物论的影响，新近的本体论史、认识论史和伦理学史证明了这一点。自然主义本体论是唯一用物理术语表达的，例如笔者的时空论就是用变化的事物表达的（Bunge 1977）。为了把唯灵论从物理学和化学中排斥出去，我也贡献了我的一分力量（例如，Bunge 1967a，2010），我也打造了一门形而上理论，既是唯物论的，也同当代科学相容（Bunge 1959a，1959b，1977，1979b，1980）。

奎因（1969）提出了著名的建议，要建构一个“自然化的认识论”。遗憾的是，他把心理学同它的行为主义版本相等同，这个版本否认精神，拒绝承认命题（参见 Bunge 1975）。我自己对这个计划的贡献是把认知看作埋在社会之中的大脑的一个过程，

130

而心理学是一门生物社会科学（Bunge 1987)。该学科的这一刻画既符合赫布关于新思想是神经元的集结的假说，也符合社会心理学家的经典实验，该实验表明了社会周围环境对感知和行为的影响。

自然主义伦理学可以压缩为这样一个命题，即道德规范是自然的，因为它们有利于自然选择。这一道德哲学在近来已颇为流行，尽管有众所周知的事实，即道德规范处理社会行动，而人们知道这在不同社会群体中是不同的。例如，我们大多数人都发自内心地憎恶折磨和死刑，有些人则是因为他们知道，法的残酷性并不阻碍罪行。

总之，哲学自然主义的成绩单是好坏参半的。现在，当华尔街和政治少数派担任这个角色时，在最好的情况下，自然主义在政治上是无关紧要的；而在最坏的情况下，它是退步的。

现在，社会研究是马克斯·韦伯唯心主义那一半的最后阵地：在那儿，我们仍然发现学者们，他们用“文化”取代“社会”，用“政治话语”取代“政治”，用“理性”取代“剥削”，而他主张政治事件是某些思想的直接后果。

因此，在他的文献丰富的论法国大革命时期的思想斗争的书中，乔纳森·以色列（Jonathan Israel)(2014）试图表明革命是进步思想和十几位作家、演说家的激昂演说相当直接的结果。无疑，这些思想有助于确定革命者的方向，但如果财富能像在欠发达的社会那样得到更好的分配，像在英国那样得到更好的管理，他们可能就不会在法国和其他国家有这么多的追随者。

社会不公甚至是比最雄辩的政治宣言更为强烈的政治动机。

卓越的《共产党宣言》在1848年发表时，很少被人注意。

这是唯物主义历史观的唯一实例，这种观点认为，物质利益是比崇高的思想更有效的政治动机。这个命题是真实的，因为当吃得不好，脑就不能很好工作。换句话说，自由－平等－博爱这个三元体是在就业－健康－教育这个三脚架上，而不是别的方式。

因此，唯灵论根本上是错误的。与此相反，历史唯物主义有狭窄但巩固的核心。这个核心就是经济主义，这一观点值得用社会学、政治学和文化学加以丰富，从而构成一个整体的或系统的社会观（参见 Bunge 1979b，1998；Wan 2011[①]）。与此相对照，阶级斗争是历史的动力这一见解不能说明所有的最显著的历史事件，从农业的兴起，国家遭到匈奴和蒙古的入侵，到殖民主义和两次世界大战。

9.6　自然主义，系统唯物论的先驱

自然主义是这样一种世界观，它认为一切真实的东西都是自然的，即**宇宙＝自然**。确实，从现代性开始，没有科学研究计划假设上帝的存在或任何其他超自然东西的存在。自从现代性开始，科学就完全是世俗的。

尊重自然和爱自然只是在斯宾诺莎时期才开始兴起，尊崇

---

① 万毓泽，原文误为 Wang。

自然是浪漫主义的部分，从卢梭到歌德到自然主义者、裸体主义者、太阳崇拜者、自由性爱者和露营者，他们从1870年左右到第二次世界大战在欧洲很兴盛。

卢梭的《爱弥儿》自1762年出版以来，两个世纪中有几百万人阅读，卢梭在其中主张，密切地接触自然远胜过正规的学校教育。伴随的认识论原理是，**情感**（感受、情绪、热情）超过理智，这是浪漫主义的部分，对于理智崇拜和科学主义的传播，它变得更像是一个累赘。例如，启蒙哲学家、政治家阿那卡西斯·克鲁荻被罗伯斯庇尔（Robespierre）下令在断头台上斩首，而罗伯斯庇尔是非理性主义的卢梭版本的追随者。

132

总之，浪漫主义在文学、音乐和雕塑艺术中是革命的，但在科学和哲学中却是反动的，因为它包括自然主义同非理性主义的有毒组合。这种组合可能是浪漫主义的政治歧义性的源头，它既包括像马克西米连·罗伯斯庇尔这样的左翼激进分子——列宁称他为“布尔什维克**先驱**（avant la lettre）”——也包括像天主教法西斯主义的先驱约瑟夫·德·迈斯特尔（Joseph de Maistre）这样的右翼分子。

对自然的崇拜随着1850年左右浪漫主义的黄昏和自然科学（特别是化学）的惊人成功而几乎消失了。但是，自然主义在1880年左右作为对现状的社会抗议而复兴。事实上，它时常同无政府主义一道发展，在德国，它是人数日益增多的像**流浪鸟**（Wandervögel）这样的青年组织的意识形态。这个草根运动，开始是致力于组织公开的团体活动，最终却被**希特勒青年团**所挟持，获得了夏令营的垄断权。在这些夏令营中，年轻的男孩子学习军事技术，女孩被告知自由性爱是正确的，只要它培育未来的战士。

近年来，自然主义作为环保主义的激进一翼重新浮现，它谴责培育遗传上修饰的生物体以及“对抗疗法”（科学药物），而不顾科学证据。

自然主义者同自然共处的努力并没有保护自然，更没有保护人民免受剥削、殖民或军事侵略。只有系统的世界观表明，可持续的环境是同可持续的社会一起到来的。因此，自然主义对社会的盲目性不仅容忍了社会不公，也容忍了对自然的不可持续的剥削。这是自然主义的悖论：它可以被用作贬低它崇敬的东西的特许证。

9.7　超自然秩序

自然主义似乎在自然科学之外给我们带来麻烦。实际上，它每次遇到人造物和社会关系时，就失败了，因为人造物和社会关系都不是自然的。实际上，价值论自然主义和伦理学自然主义都是错的，因为不是每一件自然的东西都是好的，而每一件社会的东西，不管它对人或社区是好或坏，都是人造的。实际上，我们通常都谨慎地对待像洪水、森林火灾、地震和瘟疫这些自然灾害，我们欢迎把我们从灾害中拯救出来或减轻我们的体力劳动的人造物。

133

此外，自从《汉谟拉比法典》（公元前 1728 年）以来，我们也尝试补偿自然的不平等，例如比较弱的儿童、妇女、病人和老人。只有像圣·保罗（St. Paul）那样重要的神父能够向他的不公社会的最弱的成员——奴隶和妇女——布道，要她们盲目服从。

总之，自然主义不能说明**超**自然实体或事件，这些不应该被误认为是**超**自然的（或不可思议的）对象。超自然事物并不神秘，例如，人、机器和社会组织。确实，人是完全不自然的动物：我们教育和驯化或教养我们自己。不像其他动物，我们设计、制造和修复多种人造物，从斧头和茅舍到显微镜和计算机，从商业公司到学校和军队。

有些动物也劳动，特别是，它们制造加工品，从鸟窝到蜂巢到堤坝，但是，正如马克思指出的，拿房子同蜂巢比较，我们人是唯一能够设计它们的。而且，尽管所有合群的动物遵守某些社会行为的规范，我们人是唯一能够因地而宜，因时而异，发明和改变它们，虽然并不总是改进我们生存的机会。

确实，人是唯一在建设性的行为（如教育和研究）之外，有时会从事反社会和自我毁灭行为的动物，例如剥削、犯罪和“愚蠢思维”。

自然主义忽视了所有这些情况：它强调，一切人的东西都是自然的，而实际上，从机器和卫生规则到法律规范和科学，跟我们有关的很多东西都是人造物。有些自然主义者，说某些最坏的社会病，例如公司主导，是基因靠自然选择筛选的自然结果，并因此成名。这当然是社会达尔文主义的观点，即19世纪前十年后期斯宾塞（Spencer）和其他几位权力辩护者对社会的看法——特别是大英帝国，历史上最大的国家，它随着奴隶和鸦片贸易而繁荣。

134

自然主义本体论的这种政治伴侣的新近例子是“广义进化论”，它主张，一切东西，不管是自然的或是社会的，都来自自然进化，如果我们让进化运转，让个人资源和市场力量摆脱政府的管理，我们就会好得多（Ridley 2016）[①]。

不需要说，自然主义的这种“自由主义”版本不是源自任何研究计划；这是旧“保守主义”穿了一件新袍。具有讽刺意味的是，自然主义，用来为市场奴役辩护。对于该命题我们既是人造的，又是自然的，有更有说服力的证据吗？

总之，生物学主义说明人类社会并不比物理主义好多少。所以，我们需要扩大自然主义，以包括社会事务。结果就是涌现主义唯物论或系统唯物论，我们马上来考察。

9.8　系统唯物论或整体唯物论

当代科学提示，我们应该承认，物质实体、关系和过程来自几个不可相互还原的类：物理的、化学的、生物的、社会的和技术的，以及若干社会项，特别是文化项，都是人工制品。例如，关于“自然主义的”（现实主义的）山洞壁画，绝不是自然的；而数理逻辑是彻底非自然的——例如，由加法原理证明：“*A* 导致

---

① 中译本：《自下而上——万物进化简史》，马特·里德利著，闾佳译，机械工业出版社，2017 年。

A 或 *B*，而 *B* 不需要同 *A* 有关。”

在世界的历史过程中，较高层次的组织据推测是从较低层次的组织涌现出来的。例如，生物层次是在二十亿年前从化学层次涌现的，但每一个生物都有超化学的性质，如新陈代谢，捕获环境项的能力和繁殖它的类。

用否定的词来说，每一个部分唯物论，特别是比较了解的唯物论——物理主义和生物主义——不能包括若干组织层次。为了恰当地对待所有各种物质，我们需要最大限度地包容全部唯物论。我们称此为**整体**唯物论或**系统**唯物论。

135 系统唯物论相对于唯物论家族中它的竞争者，至少有两个优越性。一个是**多元论**，在它承认世界万物的质的多样性以及研究它的学科的多样性的意义上。例如，社会科学同生物学是不同的，虽然它们有部分重叠。这种组合的结果，即生物社会学科学，允许人们去说明这样一类事情，如对穷苦儿童的漠不关心，而它们之所以穷苦，是由于营养不良和歧视排斥。

顺便说一句，仅仅生物社会学科学的存在，就摧毁了康德、狄尔泰和其他唯心论者树立起来的自然科学同文化科学之间的壁垒。它也驳倒了驳倒那些神话的尝试，那些神话说什么精神能力和社会地位是天生的，因此学校是多余的，有天赋者无须攀登社会阶梯。

系统唯物论或整体唯物论的另一个好处是它定义了一个**广义物质概念**，即任何可变的东西——或者，如果愿意的话，任何可以用不止一个元素的状态空间表示的东西（Bunge 1977）。将这个定义同罗素的做比较，罗素的定义（1954：384）是“一片物质是由一些事件组成的一个逻辑结构”。因此，“电子和质子［……］不是物理世界的质料：它们是由事件组成的复杂的逻辑结构”（同上书：386）。

物的这些奇怪的组合同它们的概念模型如何与唯心论相区别？它如何帮助科学家叙述技术人造物在实验中从自然的性质产生？确实，甚至激进的唯心论者也不会主张逻辑结构可以被电场加速和被磁场弄弯。

尾声

我们论证了现代科学赞同唯物主义。虽然，它仍可能被反对，非唯物论在心理学中仍然很强，功能主义或信息加工心理学的流行就证明这一点，它们断言，物质在对精神的研究中无关紧要。可是，审视当今的文献表明，热心的功能主义者都是哲学家；科学心理学家都接受这个思想，即所有精神事件都是脑的事件。

这就是为什么，同他们的先驱者不同，今天的心理学家研究脑器官，像杏仁核，特别是它们的特殊功能（性质和过程），就像物理学家研究运动的物体，而不是如柏拉图建议的，只研究同运动的物体分开的运动。那些功能主义者，急于摆脱物质，而没有听到亚里士多德正确地批评了柏拉图的理念学说。这同样适用于波普尔之研究思想本身的计划——这确实是一顶很老的帽子。人们可以集中研究思想，而不假设它们离开思想的主体而存在。

136

一般讲，虚构是允许的，只要它们不同存在物相混淆。一个基于混淆的形而上学教条是没有希望的。

直到新近，大多数研究者肯定了大脑皮层中的灰质是思想的器官——像阿加莎·克里斯蒂（Agatha Christie）的主人公赫克尔·波伊劳特（Hercule Poirot）一直在说的那样。新近的发现是白质也参与精神活动，这只是一个小的修正：从哲学的观点看，关系重大的在于精神是物质的，只有当神经细胞组织成特化的但又互相关联的系统，如海马体时，才能有记忆之外的精神功能。雕塑家可以选择材料，从泥土和木头到大理石和青铜，但自然不是这样。思维物质不用肝细胞或肺细胞制成：只有神经元和神经胶质有资格具有那种功能。而没有细胞的多元化，进化就不会发生：只有胚胎细胞有多重功能。在真实世界里，质料的类型至关重要，所以所有的功能主义者谈论的“多重可实现性”是虚假的。

结论是，整体唯物论或系统唯物论没有早期唯物论版本的那些局限性，特别是物理主义、生物学主义、计算机主义和辩证唯物主义。因此，系统唯物论和科学唯物论相同。它也是科学主义的哲学皇冠——下一章的主题。

第十章　科学主义

科学主义是这样一个命题，即，**所有认知问题最好是采用科学进路来解决**，科学进路也可以称为“科学态度”和“科学方法”。而大多数当代哲学家拒绝科学主义，可讨论的是，科学家实践科学主义，即使他们从来没有遇到过这个词。

10.1　科学主义被误解和诽谤

胚胎学家、生物哲学家费利克斯·勒·当泰克（Félix Le Dantec）（1912：68）使“科学主义”这个词得以流行。拉朗德（Lalande）（1939：740）的经典《词汇》用清晰的术语定义了相应的概念，即“这个观念是，科学精神和科学方法应当无例外地扩展到一切智识和道德［社会］生活领域”。

可是，科学主义概念很久以前就被法国启蒙运动的激进的一翼所抚育。这个词和概念也出现在其他语境中。彼得·修特勒（Peter Schöttler）（2013：98）发现，在 1900 年左右，“科学”

和“科学主义”等词在有关的法国文献中时常伴随着下列带有侮辱性的词语：抽象、腐败、冷漠、教条、涂尔干派、夸张、虚假、德意志、粗鄙、沉重、跛脚、唯物论者、狭隘、迂腐、实证论者、自负、理性主义者、世俗主义者、社会主义者、愚蠢和庸俗。当代的研究可能得到类似的结果：一个世纪以后，科学和科学主义继续是蒙昧主义派别的两个魍魎（bêtes noires）。

科学主义时常被等同于实证主义，特别是孔德的实证主义。孔德在说社会学（他造了这个词）时应该是想使它成为科学的，但他对此没有做出贡献，他也不重视孔多塞在多年前写的数学社会科学的论文。尤其是，孔德认为社会学和生物学应该用比较而不是实验来检验它们的假说。更糟的是，沿着休谟和康德的现象论思路，他谴责所有有关原子和星体内部的谈论。

因此，关于所有他对科学的赞颂，孔德的实证论很难被认为是科学的。这是为什么埃米尔·梅叶尔森（1931）——同爱因斯坦通信的两位哲学家之一——抓住一切机会批评孔德禁止所有像原子论和天体物理学这样的探寻现象之下的研究计划。

弗里德利希·哈耶克（1952）[①]按照奥地利的传统，不喜欢法国启蒙运动，忽视了上面所说的经典定义，而提出了他自己的独特的定义：科学主义是“试图”在社会研究中“模仿自然科学”。这个歪曲科学主义的概念一直在人文学科流行，特别是自1950年左右开始的后现代主义反革命以来。这一反动倾向招募了那些

---

① 中译本：《科学的反革命——理性滥用之研究》，弗里德里希·A. 哈耶克著，冯克利译，译林出版社，2003年。

左派跟随其后，也招募了那些谴责科学有“专权”之罪的人。要理解在评价科学主义上的这种变化，我们必须更仔细地考察它的历史背景。

10.2　启蒙科学主义

连同世俗主义、平等主义、人道主义和唯物论一起，科学主义是法国启蒙运动的激进一翼的部分，从狄德罗、赫尔维修、霍尔巴赫和拉·梅特里到克鲁茨、孔多塞、马里夏尔、密拉保（Mirabeau）和潘恩（Paine）。这一股和同一大文化运动的温和一翼（达朗伯、孟德斯鸠、卢梭、杜尔哥和伏尔泰）以及小得多、更胆怯的苏格兰启蒙运动——休谟、史密斯和赫奇森——相争吵。（关于这两翼之间的差异，参见 Israel 2010）

上面所说的法国人在哲学方面和政治方面都是革命者，尽管只是纸上谈兵，但苏格兰人是改良主义者。特别是，温和派不接受法国和美国的激进派的无神论、平等主义和共和主义。他们也不接受孔多塞 1782 年在法兰西科学院就职演说中的科学主义宣言。他在那儿宣告，“道德［社会］科学”最终会如物理［自然］科学一样“用同一种方法获得同样严格和精确的语言，到达同样的确定程度”（Condorcet 1976）。

139

孔多塞的科学主义不包括本体论的还原论，这近年来表现在社会生物学、通俗进化心理学、神经经济学以及纯纲领性的神经炒作的残余之中。确实，在同一次演讲中，孔多塞注意到，在道德［社会］科学中“观察者自己形成他观察的社会的一部分”。因此，他可能会欢迎所谓的托马斯定理，按照这个定理，在社会事务中，外观是实在的，在那里，人们不是对外部刺激做出反应，而是对他们“感知”它们的方式做出反应。所以，孔多塞的科学主义不是自然主义的：他知道机器和社会制度虽然是物质的而不是精神的，但都是人造的，因此正如科学、伦理学和法律一样，是**不自然的**。（关于自然主义同唯物论的差别，参见 Bunge 2009b）

对于孔多塞武装起来的哲学同志，上述情况同样适用，特别是霍尔巴赫，他在两部不同的书中，探讨了事实科学的两个分支：《自然的体系》（1770）[①] 和《社会体系》（1773）。他们的科学主义是方法论的，不是本体论的，这就是为什么称它为“方法论自然主义”是错误的，而波普尔（1960）是这样做了。顺便说一句，法国启蒙运动是他的一个盲点，就像整个奥地利文化传统一样：奥地利错过了文艺复兴、科学革命和启蒙运动，直到 19 世纪中叶，它才从中世纪跳到自己的工业革命和“迟来的奥地利启蒙运动”中，这个运动以波尔查诺（Bolzano）、孟德尔（Mendel）、马赫和玻尔兹曼为标志。

此外，波普尔，从来不急于定义他的关键词，特别是“历史主义”“集体主义”“合理性”和“科学主义”，他把社会哲学留给了哈耶克。他靠哈耶克而被伦敦经济学院聘用，而哈耶克“计划使他的社会主义腐败”，如哈科恩（Hacohen）（2000：486）用文件

① 中译本：《自然的体系》，霍尔巴赫著，管士滨译，商务印书馆，1999 年。

记载的那样。出于这些理由，波普尔不应该被认为是科学主义或社会科学的权威。

维也纳学派采纳了法国启蒙运动激进一翼的全部原理，除了实在论和唯物论：它仍然被休谟、康德、孔德、马赫和迪昂的现象论所束缚，按照现象论，所有在那儿的（或者至少所有可以被知道的）是（对某人的）外观。除了奥托·纽拉特（Otto Neurath）是例外，这个学派对社会科学是不关心的，总的来说，他们对启蒙运动的科学主义传统只是口头讲讲，这就是他们的**统一科学**纲领的意思（Neurath 1955）。140

新古典经济学理论家，特别是杰文斯（Jevons）、门格尔（Menger）、帕雷托（Pareto）、瓦尔拉斯（Walras）和马歇尔（Marshall）实践了贬义的科学主义：他们的学说最好称为**嘲弄科学**。确实，他们写了一本大部头著作，名为新古典微观经济学，其中林立的符号会使不懂数学的人胆怯，但实际上，它在数学上没有很好定义，经验上也得不到支持（Bunge 1996，1998，1999a）。特别是，他们没有让他们的假说经受经验的检验，像丹尼尔·卡尼曼和以恩斯特·费尔（Ernst Fehr）为首的苏黎世实验经济学小组近年来一直在做的那样——啊，对于正统经济学，得到的是坏结果（参见，例如，Gintis *et al.* 2005）。

10.3 反启蒙的反科学主义

德国哲学家威廉·狄尔泰（1883），他大大受惠于康德和黑格尔以及圣经诠释学，写了最有影响的反科学主义宣言。这个早期诠释学文本既有本体论成分，也有方法论成分。前者是这样一个命题，一切社会的东西都是**精神的**（精神，道德），而不是物质的。它的方法论部分很明显：社会研究是**精神科学**（Geisteswissenschaften），因此有它们自己的方法。这就是**理解**（Verstehen），或领悟，或解释，而不是用机制和定律来说明。

按照狄尔泰，**理解**（Verstehen）存在于一个行动者的感觉和思想的直觉或移情的“理解”（understanding）之中——当代的心理学家错误地称之为“心灵理论”。狄尔泰观点下面暗含的推理是这样。按照庸俗的见解，历史是少数伟大人物——大多数是勇士和天才——创造的。因此。人们必须移情到他们，如果人们希望去理解已经发生的事情。按照狄尔泰，理解在于移情或同情（mit-gefühl），而在马克斯·韦伯的情况下，就是猜测意图或目的（参见 Bunge 1996）。胡塞尔（1931）所说的“事物的意义”就是任何人的猜测。

141 因此，按照那些哲学家的意见，需要做理解的（解释的）或“人文主义”的研究，而不是科学研究。当然，狄尔泰及其追随者都不怀疑从行为“推论出”（猜测出）精神状态是一个逆问题，对此没有可用的算法，提出来的任何解答就是思辨和怀疑（参见 Bunge 2006）。

通常认为，马克斯·韦伯是最著名的“解释社会学”——这是他的主要作品的副标题——的实践者（Weber 1976）。此外，他把自己看作是狄尔泰的“逻辑”的追随者（Weber 1988）。但是，至少自他令人钦佩地为客观主义或实在论辩护以来（Weber 1904），韦伯试图实践科学方法，有时甚至采纳历史唯物主义；例如，当他解释古罗马的崩溃时，不是如我们在教科书中读到的，是道德的败坏，而是奴隶市场的萎缩，这又是由于扩张战争的中止，因为这是奴隶的主要来源（Weber 1924）。总之，韦伯是作为科学主义的反对者开始他的社会学生涯的，只是有时是它的不一贯的实践者（Bunge 2007）。与他相对照，他的竞争者埃米尔·涂尔干（1988）终生都是科学主义的辩护者和实践者——因此成为他的时代许多反科学主义言辞的靶子。

诠释学，或文本主义，是狄尔泰命题的一个分支，他的命题是，社会生活的中心是交往。他的追随者，如克劳德·列维－施特劳斯、克利福德·格尔茨（Clifford Geertz）、保罗·里柯尔（Paul Ricoeur）和查尔斯·泰勒（Charles Taylor），主张社会是“语言或类似语言”。因此研究社会应该集中注意符号，目的在抓住“意义”，不管这些可能是什么。（在德语中，Deutung 可以是意义，或意图——这种歧义性使得从一个行动者的目的跳到他的表达的意义颇为便利）

但是，当然，如果人们集中注意词句，而不是需要、愿望、习惯和客观制约，人们就不能理解为什么工作、合作或打仗。这就不奇怪，诠释学对今天的主要社会问题——从世界大战到技术失业到美国或中国的崛起到妇女的权利到所谓发展中国家对强国的持续屈从——没有什么论述（参见 Albert 1988 论诠释学在社会科学中的无用）。

例如，在 1966 年，当诠释学家克利福德·格尔茨（1973）[①]在思考巴厘岛斗鸡的意义时，苏哈托将军在美国政府支持下，下令杀死至少 50 万苏加诺总统（不结盟国家集团的领导人之一）的马来西亚支持者。

另一方面，科学主义的社会科学，即一门聚焦从下雨到收获等客观事实，而非聚焦信仰和礼拜式的科学，一门用统计而非文字明喻来武装的科学，应该对社会过程及如何控制它们有许多可说的。

10.4 检验反科学主义

解释进路或人文进路的经历怎么样？让我们评价一下反科学主义运动的关键命题，从狄尔泰的理解到 20 世纪中叶的诠释学或文本解释。

自然 / 文化二分法已经胎死腹中。确实，自狄尔泰在 1883 年宣告反科学主义以来，许多杂交学科已经存在，著名的有：人类学、

① 中译本：《文化的解释》，克利福德·格尔茨著，韩莉译，译林出版社，2008 年。

人文地理学、心理物理学、流行病学和人口学。此后不久，生物社会科学进一步出现了，其中有医学社会学、生理心理学、发育认知神经科学、社会认知神经科学和社会经济学——虽然没有生物政治学。

例如，说明这些由下向上的过程，如**青春发动期→情感变化→改变了的社会行为**，和说明由上而下的，如**服从→更高级的类皮质激素层次→更低的免疫力→疾病**，要求神经科学、认知神经科学和社会学的结合。这样一种学科结合是对狄尔泰学派主张的自然 / 文化划分的明显破坏。

前面的例子可以拒绝对科学主义的指责，即科学主义涉及微观教育或降低水平。当伴随着一个以科学为导向的本体论，科学主义有利于融合或汇聚（收敛）不同的学科而不是微观教育（Bunge 2003b）。所有这些学科融合表明，康德树立的自然 / 文化之墙，为解释学派或人文学派所继承，阻碍了科学的进展，科学在某些场合是发散的，而在其他场合则是汇聚（收敛）的。

理解方法没有成果。确实，从来没有社会研究的解释（或人文）学派的学生真正猜测到任何重要的经济、政治或文化过程，例如民主的兴起和腐败。特别是，没有解释学家说明过极权主义的兴起，或 20 世纪帝国的衰败。更糟的是，这个学派最有能力的成员，解释主义者马克斯 · 韦伯和现象论者马克斯 · 舍勒（Max Scheler）在第一次世界大战中支持德意志帝国。

143

可是，少数社会研究的学生在科学阵营之外却产生了某种有洞察力的工作。回忆一下索尔斯坦 · 凡勃伦（Thorstein Veblen）、诺伯托 · 博比奥（Norberto Bobbio）和阿尔伯特 · O. 赫希曼

（Albert O. Hirschman）的著作就够了。此外，玛格丽特·米德（Margaret Mead）、克里福德·吉尔茨、拿破仑·夏侬（Napoléon Chagnon）和科林·特恩布尔（Colin Turnbull）对于某些奇特的习俗做了通俗和有争论的描述。可是，这些人类学家没有一个对日常生活特别有兴趣，除了对性、戏剧或战争；他们的主题似乎存在于稀薄的空气之中。（参见 Harris 1968 和 Trigger 2003 明确的实在论和唯物论的秤锤）

要看最好的社会研究，就必须考察有科学主义追求的人类学家、考古学家、社会学家和历史学家的工作，例如**年鉴**学派，纲纳·缪达尔（Gunnar Myrdal）的里程碑式的、有影响的《美国的困境》，在阿斯旺水坝淹没之前的考古发现的目录，和《美国兵》的大量研究。后一著作在 1949 年出版引起了人文主义学派的愤怒，这也标志着美国社会学的科学的一翼的出现，它以罗伯特·默顿为首，以《美国社会学评论》为它的旗舰。

为什么反科学主义失败了？可讨论的是，它失败，因为它对宏大图景视而不见，它谴责自科学革命以来内在于所有科学成就之中的科学方法。尤其是，当研究新的认知问题时，每一个当代研究者都认为科学主义是理所当然的，这马上就要讨论。

10.5 科学研究的哲学母体

大多数哲学家认为科学和哲学并不交叉是理所当然的：科学

家从观察开始，或者从假说开始，而在处理它们时不用任何哲学的先入之见。看一下科学史，足以指明这个命题是个神话。快速考察一下几个尚未解决的问题将确证这个严厉的裁决。 144

让我们想象一位科学家会怎样攻克一个未解决的问题。例如（a）“暗物质”和“暗能量”是否会否定所有已知的物理定律；（b）哪些获得性状是可遗传的；（c）是否某些动物能够处于有意识状态；（d）如何以科学的方式管理像商业公司和军队这样的社会系统；（e）法庭是否能够并应该使用科学证据，诸如 DNA 测序，加上传统的侦查方法，如指纹和证人询问。

我们的科学家会拒绝研究这些问题，加入诺姆·乔姆斯基和他的同伴“神秘派”（激进的怀疑者），认为物质和心灵都是神秘的，而且永远都是如此的吗？她会跳到 *medias res*（本题）而不查阅有关的背景知识吗？她会幻想反常的事件和反常的甚至超自然的力量，还是会过滤掉唯灵论的幻想？她会仍然满足于列举外观或症状，还是会猜测可能的模式和它们的基本机制？她会仍然满足于预感，还是会寻找经验确证？她会限制她自己只注意她的研究对象，还是会把它放入它的语境中或更广的系统中？她会删掉所有与她的发现有关的可能的有害影响吗？

不可否认的是，所有上述问题都是意味深长的。但这正是我们练习的要点：提示真正的科学家并不采纳或甚至研究最早来到心头的猜想，正如他们不立即问所有的先前知识。

让我们看看一位科学主义的学生可能怎样地去攻克上面列举的五个问题。

“暗物质”是反常的还是只是知之甚少的物质？搞清楚它是

否存在和它是什么的唯一方法是利用已知的理论和实验工具，去抓住它的样本，并尝试去检测它的某种性质。在写这个的时候这是个“热门”问题，现在日益取得一致的是，暗物质，如果它存在，是宇宙射线通过寻常物质时留下的残骸，而不是以前所猜测的小黑洞。敬请期待。

145 **拉马克究竟正确吗**？近几年，遗传学和进化生物学随着表观遗传学的发展而丰富了，后者是遗传学的最新分支，它决定性地证明了某些经历引起 DNA 分子的甲基化，一种可遗传的变化。这一发现并没有证实拉马克的学说：它只是证明达尔文的方案（突变选择）可以有不止一种版本。（参见，例如 Szyf *et al.* 2008）

动物能够处于有意识状态吗？通俗文献中充满了关于各种动物的意识的传说。但是传说不是硬科学资料。新近通过影响可逆的丘脑和皮质的失活——这些程序超出了“人文主义”心理学家的眼界——得到了这类资料中的最好的一些。这又导致有大量证据支持多种动物可以有意识的假说（例如，Boly *et al.* 2013）。

社会系统能被科学地管理吗？运筹学，管理科学的最深奥阶段，是在第二次世界大战开始时多学科团队集合在一起在短时间内产生的，这个团队是由英国海军上将召集的，当时正面临运输食物和军火到英国的后勤舰队在德国潜艇的攻击下遭受重大损失。问题是要求出军舰运输的最佳规模。物理学家帕特里克·布莱克特（Patrick Blackett）领导的团队建立的数学模型证明规模适中，大到足以胜过空中运输，但也不能太大以致引起敌国潜艇舰队的注意——这个结果必定使那些喜爱极大化的经济学家感到困惑。

海军接受了这几位参加军事战略研究的新人的这项贡献，海军的损失减少了。这个结果鼓励商业专家去建构类似问题的数学模型，例如求出库存的最佳规模（“存货”）。因此，科学主义又一次获得了战胜传统的或人文的学派的胜利，这一次是在社会技术领域。

法律能够变成科学的吗？近年来，犯罪学和法学以及它们在法庭的实践已经从生物学、心理学和社会学中获得好处（参见，例如，Wikström & Sampson 2006）。确实，DNA 检测现在在法庭已被采纳，少年罪犯审判正在缓慢变化，因为我们知道，青少年的额皮层尚未完全成熟，而刑法作为一个整体随着犯罪的社会原因被揭示而正在变化，而改造罪犯的技术也正在完善之中。所有这些进展都是科学主义的成就。 146

所有这五个问题近来都在科学主义假设的基础上进行了研究，这个假设是科学方法是在所有科学技术领域走向客观真理和效率的捷径。此外，在所有五个案例中，预设的不仅是科学主义：实在论、唯物论、系统论和人道主义也都被认为是理所当然的。例如，动物意识的研究假设了：（a）**实在论**假说，实验动物的精神过程都是实在的，而不是实验者的想象的片段；（b）**唯物论**命题，即精神状态都是脑的状态；（c）**系统的**原理，所研究的问题，像所有大问题一样，都是一束问题的部分，要用解剖方法以及行为方法来一一加以攻克；（d）**人道主义**禁令，要尊重动物的福利——这又导致建议禁止随意地刺动物的脑只为了看看发生了什么。

如果科学研究确实预设了具有科学主义特征的哲学命题，那么这种观点并不反对人文学科，如通常有人所说的那样。科学主义提倡者反对的是黑格尔、叔本华（Schopenhauer）、尼采、狄尔泰、柏格森、胡塞尔、海德格尔、法兰克福学派和后现代主义者的反科学立场，后现代主义者在法国占有了人文学科。如果我们接受亚里士多德对“人”的定义是“理性的动物”，那么这些理性的敌人可以称为“人道主义者”吗？

10.6 关于科学，什么是如此特别？

普通人，甚至是某些著名的哲学家，当被告知科学不过是“改进了的常识”，会感到被冒犯了：只有科学方法给我们反直观的知识片段，例如阳光是太阳内部核反应的产物；我们是从鱼变来的；我们遥远的祖先不是有力的猎人，而是虚弱的采集人和觅食者；脑成像可以检测某些经验的痕迹。

哲学家习惯用这些例子来反对他们的日常语言和他们的现象论同伙，以有利于这样的思想，即科学从常识停止的地方开始，因为大多数事物和事件都是不可感知的，所以我们必须猜测它们。

147

科学研究工作在想象客观和不依赖于人的真理时工作得最好，因为它符合世界和我们的认知仪器。确实，世界不是互不相连的外观的杂凑之物，像休谟、康德、马赫、逻辑实证论者和多世界形而上学家所相信的那样，而是一些物质系统的体系。此外，人不仅可以用他们的感官学习，这只产生浅薄的、时常误导的外观，还要运用他们的想象力，并通过观察、实验以及它与先前知识库的其他项的相容性来检验它（Bunge 1967b）。

此外，不像它的替代物，科学可以而且也确实通过正反馈来发展，正反馈是一种将部分输出反馈到系统的机制。参见图 10.1。

背景知识→认知问题→研究

↑　　　　　　　　　　↓

更新的知识库 ← 新知识项

图 10.1　科学增长的正反馈机制

可是，科学不是廉价地到来的：它的持续增长需要在研究和开发方面花费接近国家 GDP 的 3%（Press 2013）。

总之，支持科学和坚持科学主义在经济上以及在文化上的回报是可观的，而选择蒙昧主义哲学会威胁知识的增长——自科学革命以来，这一过程在继续，尽管有暂时的挫折。

第十一章　技术、科学和政治

每个人都用“技术”这个词，但不是每个人给予这个词的含义都相同。有些人把它等同于工程，有的人把它等同于工具和机器的集合，还有些人把它等同于专业化的知识，用于以理性的方式制造或改变物件（参见 Agassi 1985，Quintanilla 2005）。我们将以后面的方式理解“技术”。那就是，我们定义“技术”为**借科学之帮助，用于制造或改变物件的知识总体**。换句话说，科学家研究实在，技术家设计、修理或维护人造物。

11.1　定义和定位技术

虽然技术需要日益增长的科学输入，但它不是应用科学。确实，一位创造性的技术家具有技术的直觉和诀窍，这在科学家中间是不常见的。这就是为什么很少科学家拥有专利，而许多发明家没有听过科学课程。

正如好园丁据说有一根绿色的拇指，我们可以说，原创性的技术家天生就有灰色的直觉，允许他们去想象一个装置的概略，从期望的输出到要求的输入和输入－输出机制。只要想一想，发明许多广泛使用的人造物，从犁、泵、木匠的工具和圆珠笔到风车、自行车、打字机和第一架飞机，都没有用任何科学知识。

大多数基础科学家不发明任何有用的东西，因为他们对应用没有兴趣，总之：科学家攻克认知问题，而他们有时获得的解答有助于解决技术问题，但是单靠科学不足以产生技术。例如，工程师、企业家古列尔莫·马可尼（Guglielmo Marconi）利用了电磁波，而这是伟大的詹姆斯·克拉克·麦克斯韦最先理论化的，而这开始了无线电并建立了一个工业帝国。麦克斯韦只在他的一对数学三重式中"看到了"所说的波，只有海因利希·赫兹（Heinrich Hertz）设计并制造了这种波的发射器和接收器，而马可尼利用了这些基础研究的成果。 150

可以设想，其他工程师最终也会搞出第一部无线电接收器。事实上，克罗天·尼古拉·特斯拉（Croatian Nikola Tesla）和俄国人亚历山大·波波夫（Aleksandr Popov）在马可尼之前几年就搞成了，但他们缺乏他的财富、商业敏感性和引人注意的能力。对于托马斯·A. 爱迪生（Thomas A. Edison）、比尔·盖茨（Bill Gates）、史蒂夫·乔布斯（Steve Jobs），情况也大致类似。

按照我们以前的定义，现代技术同科学是同时代的，它涉及典型的现代的思想方法和行事方式，特别是设计数学模型和实验室装置。从制造燧石箭头到烹饪到文字等技艺，从发明到实践都不用科学帮助，因此，它们不应该列入（现代）技术之内。与此相反，现代农艺和兽医、计算机知识和广告、牙医和刑法都属于技术，因为它们用了基础科学的成果。例如，管理科学用了心理学的成果。

自19世纪中叶以来，新技术日益从基础科学的成果有意地“转移”过来。例如，药物学是应用生物化学，特别是，寻求**可能**有医疗用途的新分子这种成果。应用科学家寻求新的真理，正如他们的基础科学同行一样，但他们喜欢在医学系或制药公司而不是在科学系，由于可能的商业价值，他们的研究时常是由商业公司或军事部门支付。

科学和技术彼此养育，它们具有动态文化的特征，正如教条主义是停滞或垂死文化的签名一样。注意我用的是文化的社会学概念，即文化是符号的或认知的、道德的和艺术的项目的生产者和使用者组成的系统。这个概念不同于德国唯心论者引入人类学的文化概念。按照后者，社会的每一样东西都是文化的，因为它是精神的——因为社会科学用**精神科学**或文化科学的名称。第二个注意之点，东西方紧张关系不是如萨缪尔·亨廷顿（Samuel Huntington）所主张的“文化的冲突”，而是帝国主义强国同资源丰富国家的冲突。石油战争不能伪装为关于niqab（面纱），或关于椰枣的争论。

151

技术的增长机制是一个正反馈，正如基础科学一样，但它是被社会的（或反社会的）需要和愿望推动的，而不是靠纯粹的好奇心。换句话说，技术开始于社会，终了于社会，而不是在知识库。参见图11.1。

需要→背景知识→实际问题→研究

↑　　　　　　　　　　　　　↓

社会变革 ← 制造 ← 原型 ← 新人造物设计

图 11.1　技术增长的正反馈机制

没有技术的社会肯定是前现代的，没有原创技术的社会肯定是落后的，即使它进口了别处生产的人造物。因此，技术是当代文化的动力之一，就像科学、艺术和人文学科一样。

11.2　作为现代性动力的技术和科学

关于我们这个主题的期刊是《技术和文化》，它是 1959 年创办的。这个名称提示，技术同文化交叉，而不是文化的一部分。康德和黑格尔完全不注意技术，而工程师们不会被邀请去文学**沙龙**。甚至卡尔·马克思，一位技术哲学家和技术史家，也不确定把技术甚至科学放在什么位置，是放在物质的基础，还是放在精神结构。他赞赏技术把劳动者从体力劳动的艰苦和下贱中解放出来，赞赏它对商品的大规模生产的贡献，但未提及它的丰富的智识和艺术内容。而恩格斯表达了对牛顿的轻视。他称牛顿是 **Induktionsesel（归纳法的驴子）**。　152

在经典哲学家中，只有笛卡儿和斯宾诺莎尊敬工匠。而法国启蒙运动的激进一翼赞扬技艺和工程到如此程度，把它们作为狄德罗、霍尔巴赫（开始还有达朗伯）编辑的《百科全书》的部分内容。甚至苏格兰人亚当·斯密（Adam Smith）和大卫·休谟也赞赏以蒸汽为动力的机器是节省劳动的装置，把工程放在文化之中，或许因为他们把它看作是精致的工匠技艺。（关于现代技术的概念财富，参见 Bunge 1985b，Raynaud 2016）

上述哲学家以及谈到他们所说的**技术科学**的后现代的混乱书写者，如果知道现代技术大量使用了先进科学，包括抽象数学，可能会感到惊讶。可是这在工科学生中已是常识。特别是，电子工程师、纳米技术专家和机器人专家，已经学了许多理论经典力学、经典电动力学、电子理论、固态物理学和基本的量子力学，以及物理实验室产生的若干新知识。

11.3 技术科学？

技术是如此地依赖于科学，以至于它们有时就融合在一起，而这种融合的产物就叫**技术科学**。但所说的合伙者之间的差异如同其共性一样明显。它们的差异，当比较一个科学研究计划和一个“成果转移”计划时，就变得明显了。

一方面，科学研究的目的指向真理，技术发展的目的是有用性。这就是为什么，科学理论不像技术，不能申请专利，而私人公司也不资助天文学、考古学、人类学或编史学的研究。另一方面，科学理论的检验是为了求真，技术设计的检验是为了有用。此外，原则上，科学是国际性的，而先进技术在前工业国家就没有用，它们需要“适用”技术。最后，科学是道德中立的，技术在道德上是有派别性的，因为有些技术是有利的，另一些是有害的，还有一些正如众所周知的刀是有二重性的。

153

幸运的是，希特勒和他的同伙不知区分科学和技术，任命他们最伟大的理论物理学家去负责制造德国原子弹的任务。但是海森堡对此一无所知，甚至显然对此没有兴趣——这样，他在匈牙利休长假，他在那里读哲学、写哲学。与此相对照，美国人理解他们的“曼哈顿计划”是一项产生新技术的巨大事业，需要新的管理模式。

他们任命里斯利·格罗夫（Leslie Grove）将军为负责人，他是一位有能力的行政管理人员，铁面无私的政治家，又任命奥本海默为科学主管。他们的队伍很快扩展到50万雇员，最后交出了产品——两颗原子弹，摧毁了广岛和长崎，并向世界宣告，新的最高权威是什么。总之，“曼哈顿计划”的领导人没有盲目接受哲学家们编造的技术科学的故事，后者不知道这种双头怪物的合伙者。

11.4　技术渴望症和技术恐惧症

对技术有两种主要态度：一种是盲目接受，即技术渴望症（technophilia），一种是拒绝，即技术恐惧症（technophobia）。二者可以被适度地采纳或狂热地采纳。在发达社会的大多数人赞赏技术进步，而不顾它们对日常生活的负面效应（例如日益增加的镇静剂和它的医药伴侣），和它们对环境的负面效应（例如环境污染）。

与此相对照，大多数技术恐惧症者对他们反对创新没有提出任何理由，不管是技术的理由或是某种其他的理由，只是因为他们还束缚在过去之中，不管好坏。因此，19 世纪早期的所谓封建社会主义者反对资本主义，因为它引入了失业，割断了保证传统社会的社会稳定性的地主同农奴的联系；他们正好是政治保守主义的案例，而这又有利于老的特权。当代的技术恐惧症者又害怕激进的、流行的技术创新可能引起的社会变革。

154

今天，最明显的技术渴望症出现在那些声称有技术能够抵消技术创新的负面影响的人身上。这类主张的最著名例子是一些经济学家所主张的可以调节气候的地球工程，它只存在于他们的想象之中。另一个同类的例子是道德哲学家的，他们发现全球变暖可以避免，办法是降低人们的身高 15%——这对遗传学家确实是一件平凡的任务。

另一个教条的技术渴望症的古怪例子是著名的数学家约翰·冯·诺依曼的，他宣称我们正处在“重要的奇点”的前夕，在这之后，自动机将设计所有的发明。冯·诺依曼的威望如此之大，奇点大学于 2008 年建立乃受他启发，得到 NASA 和某些大公司的支持。显然，这个技术幻想冒险的参与者没有一个记得那懒惰的机器人，除非有血有肉的人设计的程序把它激活。他们也不对他们的敌托邦（dystopia）引起的道德问题感到奇怪。

11.5　技术的道德和政治方面

基础科学家不可能危害任何人，即使他们想也不行。危害，正如同做好事一样，要有实际的技巧，并引起了道德问题。每次，当基础知识想“转移”时这种问题就出现了。想一想生物化学部分知识的转移，要么成为改进农作物的工具，要么是用毒气杀人。

卓越的化学家弗里茨·哈伯（Fritz Haber）的故事是这种道德二重性的一个悲惨例子，他因为发明从大气氮和氢气制造氨的工艺（$N_2+3H_2 \rightarrow 2NH_3$）而一举成名。满怀爱国热情，哈伯又发明了毒气用于第一次世界大战，以及齐克隆 B（Zyklon B），后来用于纳粹的死亡营。1915 年，当他的毒气在第二次伊普尔战役中成功应用的新闻来到时，他为他的军用和民用助手举行了一个宴会。第二天早晨，他美丽而又有成就的妻子、同事克拉拉·伊默娃（Clara Immerwahr）用丈夫的手枪自杀。他又立即去东部前线视察毒气战事。他在 1918 年获诺贝尔奖，但二十年后，他因为是犹太人被迫移民。

155

氨和哈伯的二重性是不典型的。从实验室到工厂到战场的“转移”是很难实现的，因为几乎没有什么科学成果是致命的，也几乎没有什么人的头脑被同样强度的好奇心或有用性所驱动。

这些困难说明了为什么私人实验室产生的科技成果比大学少得多（Raynaud 2015）。

一些大公司，像贝尔、IBM、杜邦和法本公司聘用了一些科学家，但大多数是应时的顾问，例如一位大出版商可能要求一位伟大的小说作家评价一部稿件，而不会请他写一部精品。短期回报的前景，只会产生粗制滥造的作品。伟大的创造性工作，不论是艺术的、科学的或技术的，只能来自创造的热情。

最大的技术事业“曼哈顿计划”（1939—1947），它制造了第一批原子弹，聘用了几乎全部美国物理学家，以及许多英国物理学家，但它没有产生有纪念意义的科学发现。它的唯一产品只是为了恐吓全世界并建立了历史上第一个世界强国。

结论是，（a）不像基础科学，它是自治的或自我推动的，技术是他治的，或者他人推动的：它的目的不同于为它自身的知识进步；（b）基础科学是道德中立的，技术可以好也可以坏；（c）科学研究产生文化产品，技术虽然是一个文化事业，却产生商品。

这些结论驳倒了实用主义者关于行动和知识的关系的意见，特别是工业和科学的关系的意见。同样的结论支持这种科学和技术政策，即加强基础研究，抗拒公立大学的私有化以及它们屈从于敌视科学的意识形态。

即使最保守的美国领导人都理解投资他们的 GDP 的 2.8% 于科学研究的好处。与此相对照，欧盟只投资它的 GDP 的 1.8% 于同样的活动，虽然西欧必须恢复它在第二次世界大战前的科学水平。有人提示，这种不相称，部分是由于后现代胡说（特别是在法国和德国产生和孵育的所谓大陆哲学）的影响。

11.6　真知和佯知

丽塔·列维－蒙塔尔奇尼（Rita Levi-Montalcini）因发现神经增长因子而获得诺贝尔奖，她把自己奇妙的回忆录名为《赞扬不完美》。她的观点是，科学家们开始一个研究计划时，认识到他们忽略了某个东西，它可能会成为有意思的东西——就是说，当他们的好奇心被激发时。与此相对照，那些全知类型，那些对整个意识形态的狂热信仰者都喜欢读老书并评注它们。例如，虽然亚里士多德、马克思知道只有原创性研究才产生新的真知，他们的教条的追随者却只寻求了解他们的老导师，而不是用一流的方法来攻克新问题。不用惊讶，这样限制好奇心，最好的情况是产生无用的知识，最坏的情况是产生伪造的知识（佯知）。

唯一仍然被无根据的迷信和无竞争的权威统治的领域，是伪科学。被吹嘘为大胆的科学发现的疯狂思辨的新近例子，是“万物源于比特”物理学、多世界宇宙学和万物至理——所有这些都仍然是借据式的（I.O.U.s）。更糟的是，“万物源于比特”物理学同所有充分确证了的理论相矛盾，因为那些理论都假定物与比特不同，都有能量；而夭折的万物至理忽视了属于不同组织层次（例如物理的和社会的）的物之间的巨大差别，它们彼此相距遥远。至于“万物源于比特”的幻想，它忽视了这样一个事实，即信息，远不是一个普遍的实体或性质，只是一个精致的信息系统的特征，信息系统包括的项，像编码和解码，以及发射器和接收器，都是人工的，是我们遥远的祖先不能接触到的。

任何人都能学到伪科学，但是它不能真正说明任何事物。这个领域属于幻想领域，在那里从未进行过严格的研究。而且，像任何别的概念系统一样，每一片段伴知，都是生在一个大的母体之中，但它们的母体同科学的母体截然不同：见图 11.2。科学家们拒绝把他们自己的工作放在图 2.1 的概念母体之中，以免落入某种伪科学的风险。换句话说，科学不足以保护我们免遭神话的侵害，只有科学哲学能够起到帮助。但是这个解毒剂很难检测，甚至很难得到。来吧，加入实验室！

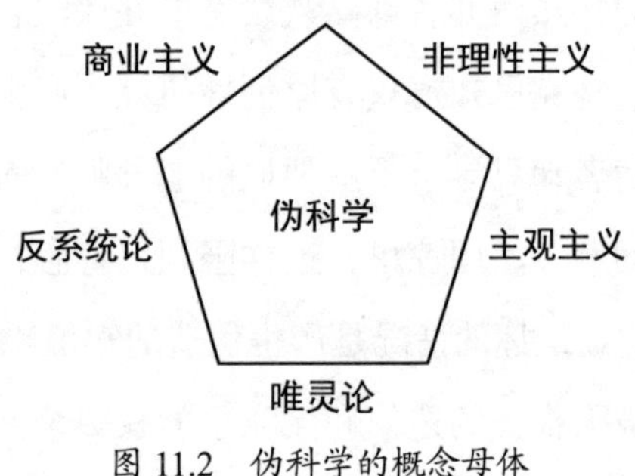

图 11.2　伪科学的概念母体

11.7　科学和哲学：奇特的伙伴

科学 – 哲学自它们作为孪生子在几千年前诞生以来，经历了许多急剧的变化。现代性世俗化了哲学，并把它区别于科学。哲学家思辨和论证，而科学家观察、测量、实验，并将他们的假说形式化。

158

例如，第一批近代科学家，像伽利略，并没有把他们的天文观察同他们的哲学思想相混同。这同样适用于跟伽利略几乎同时代的人，哈维和维萨里。对于他们，科学与哲学不仅是不同的，并且互不关心，虽然，当然，他们认为合理性、实在论、唯物论和系统论是理所当然的。

哲学与科学的最终分离直到17世纪后期才发生，当时，约翰·洛克（1690）[①]有胆量写一本论人类知识的书，而没有研究有生之年在自己的国家刚刚发生的科学革命，即牛顿力学和天文学的诞生。（这两位只有在他们的晚年当了高官之后才相遇）

自那时以后，哲学同科学共存但互不相知。（对科学的）无知并没有阻碍休谟批评牛顿力学，没有阻碍贝克莱忽视它，也没有阻碍康德试图改进它，在其中加一个排斥力来平衡万有引力，没有阻碍歌德谴责牛顿用棱镜把纯粹的白光分解为所有颜色的光。无知也没有阻碍黑格尔声称开普勒定律导致牛顿运动定律，没有阻碍柏齐力乌斯提出化学反应的第一个解释——而同时宣称哲学主导科学。差不多与此同时，孔德逆转了科学－哲学关系，断言科学的首要性，但他想把科学限制于现象，因此他谴责原子论和天体物理学。

马克思为自然科学唱赞歌，但指责达尔文派拒绝黑格尔的辩证法。他还指出，这次是正确指出，他反对那种观点，认为进化

① 中译本：《人类理解论》，洛克著，关文运译，商务印书馆，1959年。

生物学可以解释社会变革；他也**先知地**（avant la lettre）批评了社会生物学（它在一个世纪后流行）。叔本华写道，意志会保持世界运动，而尼采提出了口号 Fiat vita，pereat veritas（为真理而牺牲！），而狄尔泰否认社会科学的可能性。

正当生物学在智识文化引起一场风暴并对医学有巨大影响时，亨利·柏格森——曾获诺贝尔（文学）奖——主张科学不能解释生物，并写文章反对狭义相对论。克罗齐、秦梯利、胡塞尔及其追随者以及维特根斯坦和他的学派，都忽视他们时代的科学突破。19 世纪的哲学家 – 科学家只有约翰·斯图尔特·穆勒、卡尔·马克思、恩斯特·马赫、查尔斯·桑德斯·皮尔斯和路德维希·玻尔兹曼，可是，这里不是评价他们的哲学贡献的地方。

159

尾声

哲学与科学间缺乏联系，对二者都是灾难。事实上，这有利于黑格尔和谢林的自然哲学，它也容忍了当代的伪科学，如理性选择理论和精神分析；而且，它也延缓了心理学和社会科学的进展。所说的缺乏联系也允许伪问题的增生（如乌鸦悖论和绿蓝悖论），以及像多世界形而上学这样的学术产业的增生。后者，专门研究还魂尸、缸中之脑、无水生命和超人计算机，使哲学家的注意力从研究和控制唯一的真实世界所提出的真正问题上转移开了，例如合成生命、遗传决定论、自由意志、环境保护，以及扩展民主到社会的各个方面的可能性（参见 Bunge 2001，2009a）。

总而言之，大多数现代哲学家要么是断言科学和哲学的相互独立，要么是主张一个应该支配另一个。我自己对这个问题的立场可以浓缩成一个口号：**科学地哲学化，哲学地趋近科学**（Bunge 1957）。

附录 1
摆脱自由意志：一种神经科学的视角

奥古斯廷·伊班纳茨①[1, 2, 3, 4] 尤根尼亚·海西[1]
法昆多·曼纳斯[1, 4] 和 阿道尔福·M. 伽尔夏[1, 5]

1 认知与转移神经科学研究所（INCyT）
法瓦罗洛大学 INECO 基金会
国家科学技术研究会（CONICET）
阿根廷　布宜诺斯艾利斯
2 哥伦比亚 巴兰基亚 加勒比自治大学
3 智利　圣地亚哥阿多尔佛·伊班纳茨大学
心理学院社会和认知神经科学中心
4 澳大利亚　澳大利亚研究委员会
认知及其失常杰出中心
5 阿根廷 门多萨 国立库宇大学基础和特殊教育系（FEEyE）

自由意志（FW）原来被设想为一种二元论的和新柏拉

① 通讯作者邮箱：aibanez@ineco.org.ar ——原注

图主义的概念，而这些流行于当代观点中的基础性质植根于认知神经科学。我们试图促进进步超越这些传统教义，在这里，我们提出一种非正统的神经认知的进路来研究这种建构。首先，我们明确评估三种传统的假设，如果要富有成果地探索自由意志，这些假设是应该避免的，这些假设是：(a) 本体论术语中的范畴（一种全或无的能力）；(b) 内在地依赖于意识；(c) 植根于决定论或非决定论原理。我们分析原型的神经科学主张提示自由意志是幻觉并表明这些考虑依赖上述三个经典假设。关于自由意志的经典说明的边界和二元论基础可以认为是误导的，或者至少动机是非科学的。与此相反。自由意志的一种更新的神经认知观可以依靠下述原理：(a) 像几个其他的认知和感情领域，自由意志不是一个全或无的才能；(b) 作为自由意志的基础的意识活动是一个无意识机制的非矛盾的、突现的性质；(c) 过程植根于决定和自我决定，这二者共存于自由意志的神经认知基础之中。这些重新思考铺平了一种新研究行程的道路，其中自由意志构成做出灵活决定的能力（只有其中的某些涉及道德责任）和关于随之发生的对自我和环境的影响的理由。结论是，我们使关于自由意志的脑网络的初期的知识切合现状，并要求未来的研究把它设计为一种自然的、神经认知的、局境的现象。

162

关键词：自由意志　认知神经科学　神经认知化

A1.1 自由意志概念：起源和传统假设

“当人按照他自己的自由意志犯了罪，那么罪就战胜了他，他的意志的自由就丧失了。”在《信、望、爱手册》的这段话中，圣·奥古斯丁提出了自由意志观念，这将在几个世纪之后成为典型的假设。这一传统同罗马北非的根源一起再现，在基督教和袄教的混合影响下，他的概念涉及善与恶的对立，而且不可解脱地束缚于做出决定的技巧和道德责任。圣·奥古斯丁的观念突变了，这从《论自由决断》同《忏悔录》的比较中可以看出。可是，他的二元论的和新柏拉图的前提统治了西方世界，限制了自由意志的经典说明。今天，认知神经科学的突破给关于自由意志的本性和概念化的争论带来了新生命。

163

自由意志通常理解为在不同的行动过程中做出选择的能力。确实，经典的观念“选择自由”暗示了个人有意识地偏爱一种方案胜过几个别的方案的自主性，而与外部因素无关。法律和经济学的不同版本提出人的责任、罪过和优点取决于他/她如何执行这种整体的自由意志。虽然多少不太明确，类似的观念大量充满在各种科学进路之中，它典型地用三个主要性质来构造自由意志。

a. 范畴的容量：自由意志通常被概念化为一种全或无的能力。个体要么完全按照他的意志，或者完全缺乏意志，不管时间、空间或其他情境的限制。这样构想，自由意志构成一个**镶嵌式的**概念实体：一个人的行动不能表征为仅仅是部分自愿的。

b. 意识：依附于自由意志的决定和道德责任都被假设为依靠意识过程。事实上，在做决定时没有意识可以使自由意志的属性无效。

c. 物理决定论和天生意志间的内在二元论：在几种哲学倾向中，自由意志根据决定论原理，被对比、断言或否定。这种立场的最小断言是，世界中一切事件都是以前事件的结果。后续的二元论图像将以前决定的实在同意向性意志相分离，导致自由意志被设想为：（a）一种幻想，（b）一种超验的能力，它超越物理决定论，或（c）一种主观的内在性，它可以或不可以同软决定论版本相容。

这三种性质在通俗的、形式的自由意志观中都出现了。例如，它们是法律的有罪概念、经济学中的决策自由、心理学中的意志的基础。尤其是，如下面将要表明的，它们也流行在认知神经科学常引用的结果的解释中。

A1.2　认知神经科学中原始自由意志观念的反弹

164

卓越的神经科学家从20世纪80年代起到现在，重新编辑了围绕自由意志的原始争论（Navon 2014，Smith 2011）。实验表明，前意识的脑活动先于意识决定，同时在其他认知领域大量类似的证明从而推动了这种重铸。简言之，这种证据已经大量地解释为反对自由意志存在的一个论据（Smith 2011），而像丹尼尔·维格纳（Daniel Wegner）这样的作者表征这个建构是副现象。为了说明这个问题，下面我们集中讨论本杰明·利伯特（Benjamin Libet）等人 1983 年报道的基础性和典型性实验。

在利伯特等人（1983）的研究中，参与者指出了他们有意识地知道决定动一个手指的时刻。为此目的，当他们知道这样一个决定时，他们注意到钟上的一个指针的位置。虽然这个认识的符号先于实际的运动大约 200 毫秒，一种神经生理的关联（准备电位）可确定为运动前的 550 毫秒。结论是有关这一任务的**无意识**的脑活动开始于主体开始意识到他们决定运动之前 350 毫秒。这个实验从方法论和解释方面受到了激烈的批评，[1] 我们在这里不重复这个批评。我们的目的是要超越已经认定的警告，而且要表明，即使该实验避免了所有的技术和理论缺陷，它仍然为它的认

① 利伯特的探讨性实验的批评者（例如 Gomes 2002，van de Grind 2002，Verbaarschot *et al.* 2015）已经指出若干缺点，包括实验缺陷（例如，不可重复的效果，时间精确性问题，认识量度的缺点）和概念局限性（例如，不适当地把时间考虑为因果，同一结果有不同结论，概括问题）。此外，这个实验没有提供实际决定时间的单个量度；尤其是，它考虑了当决定出现时元认知估计的行为结果。这不是廉价的观察，给出的时间的元认知估计可能是众所周知的不精确，特别是事件进行长达 1—2 秒之久（Klein 2002，Danquah 2008）。简要地说，利伯特的实验表明的是以前决定运动的元认知估计往往发生在脑运动电位时间线的客观调节之后。——原注

识论基础所限制。[①] 特别是，它具体化的自由意志概念假设了我们前面说过的三个经典的性质。

第一，本研究将自由意志构思为范畴能力。上面的结果可以看作是对自由意志真正存在的驳斥，只有当后者被设想为时空上整合的实体时。因为接受了这种观点，人们必须进一步假设估计精确的运动开始时间是没有偏见的。否则，甚至不能说研究是关于自由意志的，因为它只是量度了关于时间知觉的回想的元认知估计。估计一个人何时决定运动，只有它被考虑为范畴上正确和绝对的才可以被用作（一个幻想的）自由意志的代表。这种立场同如下事实相矛盾，即人们在某些情况下可以做出好的估计，而在别的情况下做出很坏的估计；例如，我们在充分休息的情况下会比疲劳的时期较好地估计时间和其他量（而这对于做出决定和事件回忆也同样为真）。此外，这种观点也假设自由意志在空间意义上是绝对的。如果当我们估计我们的意识决定运动的时间线时自由意志不存在，那么，自由意志就会在我们的认知库中完全消失。有人提议，利伯特实验中出现的自由意志的所谓“幻想”性实际上可以推广到所有主观实验的类型（Libet 2006）。但是人们怎么能预期并保证这种推广的成功呢？

第二，利伯特的解释假设了意识作为自由意志的前提：因为“无意识”准备电位先于一个人的决定的觉知（估计），自由意志缺乏意识的内在性质，因此并不存在（Smith 2011）。这样一个

① 确实，类似的结论已被一些作者提出，他们想克服利伯特实验中某些方法论警告。——原注

结论根据两个假设:（a）自由意志应该开始时是有力的意识的；（b）无意识过程和意识过程在范畴上是对立的，没有相互混合的机会。对于利伯特，无意识大脑过程的存在先于主体经验，足以挑战自由意志的存在（Libet 2006）。我们将在下面描述，这种两重论证与流行的关于无意识过程和意识过程的神经科学观点是对立的（Nahmias 2015）。再加上，准备电位引起意识决定的假设似乎具体化了**在此之后由此之故**（post hoc ergo propter hoc）**的谬**误。确实，因果属性并不仅仅从时间上相继得出。我们甚至不能假设早晚事件必然遵循来自同一“源事件”的中性的因果链条。时间上排序的样式，可以源自功能上独立的脑定位。因此，对利伯特的结果的解释显示了两个主要缺点：自由意志不存在不能从中性事件的无意识性导出，后者不能被认为是一个后续意识行动的必然原因。[1]

166

第三，利伯特实验的经典解释是植根于物理决定论和内天生意志之间的二元论分离。如果自由意志由生物物理事件（准备电位，它原则上可以被还原为生物学规则，并联系到物理领域）所决定，那么自由意志就是一个幻觉，因为所有的决定都后于以前的物理事件。如果这是真的，我们就可以根据实在世界中事先存在的生物物理事件来预测意志行动。超越利伯特实验，如果我们要假设自由意志幻觉，完全的决定论要求一个完全和绝对的生物物理领域的理论。我们需要具有上帝之眼，保证我们具有关于一

① 又请注意，利伯特的观念没有看到意识和自由意志概念的巨大的粒度。指头运动的基础的操作同那些做出不太平凡的决定（例如结婚或移居国外）很难是相同的。在各自情形下，决定过程和/或意志过程是十分不同的。——原注

切有关对象、行动、力量和事件的知识，以便把任何未来的事还原为一组以前存在的因子（Smith 2011）。当然，今天没有一个理论或主方程能够整合所有以往的条件并预测一个人在给定情况下的决定。即使当我们能够简化这些因子到少数关键的因子并正确预测主体的状态，这并不意味着自由意志本身可以从生物物理过程、心理过程或文化过程来加以预测。绝对的决定论（植根于还原论）可以为上帝所有，但不属于科学。

激进的还原论在科学中是非典型的观点，它已证明内在的不完备，甚至在充分确立的领域（如物理学或化学），也是如此。因此，人们可以主张自由意志是一个真正的实体，甚至在没有关于它的完备理论的情况下。此外，进化论、热力学、量子力学、逻辑和数学中的流行趋势，都拒绝绝对决定论。所有这些学科已经证明，即使当一个涌现领域可以从它以前的条件预测，预测也不一定意味是决定论，而且甚至决定论规则也可以内在地不可预测。换句话说，甚至在一个本体论上是决定论的世界，我们的理论（和它们有关的事实和预测）也可以总是概率性的并植根于非激进的还原论。没有现在流行的自由意志理论（或任何有关此事的其他认知能力）能够还原为一组以前的组成要素。否则，我们应该按照利伯特的方式探讨自由意志的二元论观念，其中“脑的精神领域”可以关联到大脑事件，但按照定义是非物理的（Libet 2006）。

167

总之，在当代神经科学中，关于自由意志的主流视角很少胜过经典哲学说明长期采纳的三个性质。可是，这并不是因为这个领域缺少理论和经验工具来铸造不同的观点。下面，我们概述这样一种概念重建，向讨论的三个性质挑战。

A1.3 关于自由意志的一个新的（神经认知的）观点

从神经科学视角看，自由意志可以被概念化为做出灵活决定（只有其中某些涉及道德责任）并论证其对自我和环境的后续影响的能力。自由意志因此构成一个复杂的、高层次的适应能力，被各种亚过程所支持，这些亚过程包括有意识和无意识的决定操作，以及在相关领域中的个体差异（推理技巧、道德认知、情感调节、社会情感）。如其他复杂的感情 - 认知过程一样，自由意志因此只可以被理解为非镶嵌式神经功能系统，该系统与其他领域不断进行双向交流。

如果自由意志是脑功能的产物，那么它必须遵循支配神经认知的普遍原理，这些普遍原理包括与其他系统的非线性关系，激活状态的非分立层次，和局境活动中的意识过程和无意识过程的汇聚。一旦我们接受了自由意志构成一个神经认知现象，除了用那些假定的得到很好描述的系统——如记忆、情感或语言——所作的原则外，用其他原则来描述它就没什么意义。因此，我们将论证，一个可信的自由意志的神经科学观**并不需要**下述承诺：（a）全或无原理，（b）有意识过程同无意识过程之间的范畴分化，（c）决定论和非决定论之间的严格对立。

A.1.3.1　自由意志不是一个全或无的能力

描绘一下在图书馆里的豪尔赫·路易斯·博尔赫斯，他坐在一位学西班牙文的中国学生旁边，这个学生已经听了六个月的课。人们可以问：他们二人之中，谁懂西班牙文，谁不懂？但是答案可能是平凡的，因为它是回答一个提得不好的问题。确实，博尔赫斯并不知道关于西班牙文的所有事情（每句方言的每个词，在语言的历史发展中每个时期的每种文法样式），而那个中国学生也不是完全不懂西班牙文（他能够要一杯咖啡，听从基本的指导，建构新的句子）。我们也可以问信息量更大的问题：他们之中的每一个是怎样学西班牙文的？或者，他们懂多少西班牙文？这意味着从二元本体论思辨转向在有关描述性和解释性洞察的问题中建构的操作化。同样的策略也可以用于自由意志的重新概念化。

如同其他复杂认知领域——例如经典或社会决定的做出，道德认知，情感处理或记忆——一样，自由意志不需要用一种全或无的方式来构思。记忆的存在，并不与人们忘记事情的事实相冲突。做出决定或道德认知的存在，也没有受到承认个人或情景的倾向可能有时偏离这两个领域的挑战。如果自由意志被设想为神经认知系统，为什么它应该用一种本体论二分法来讨论？自由意志可以被限制、扩展或还原为与认知过程有关的特定的情景变量，或者甚至还原为生理病理学。可是，这些调节不是对自由意志的存在提出怀疑，而是带来与它有关的关键的神经认知机制的证据。这种非镶嵌式的概念化也假设了自由意志可以受时间性的限制（它在不同时刻可以扩展或后退），受社会文化因子和个体差异的限制。然而，正如我们在紧张的情境下，不能有效地回忆事件，不能得出记忆不存在的结论，也不能说瞬时的或长久存在的自动过程排斥了自由意志的存在。

169

A1.3.2 作为无意识的一种非对立的、涌现的性质

意识在自由意志的几个观念中起着重要的作用（Nahmias 2015，Shepherd 2012）。然而，当代神经科学假设：没有无意识，意识就不能被理解。这两种神经认知过程的形式，在我们日常的思考、感觉和行动中有很多的互动。没有原则性的理由来假定自由意志应该是例外。确实，我们的意志和意识决定进行手运动是微妙地受到被以前的语言信息激发的无意识的运动－语义耦合效应的调节（García & Ibáñez 2016）。意志的身体事件既不是完全有意识的，也不是完全无意识的：它是二者的混合。更一般地讲，把关于自由意志的争论还原为意识和无意识的对立，将导致一种范畴错误，一种换喻解释跳跃，或者一种简单化的启发战略——通过只指称它的一些变量中的一个来解释一个现象。

还请注意，在给定的时空粒度，人们探索一个给定领域，决定对它的突现视角。在自发的对话中，在秒或分的时间尺度，可以检测出回应互动者意志的多种交往实例。可是，如果人们考虑在毫秒尺度的干预过程，可以检测出重大的动力学变化，它是在

意志控制阈的下面操作的。问是否有意的过程触发了我们意识控制下面的那些过程，或者与此相反，这似乎是没有多少结果的。对自由意志的科学研究值得更深奥的探讨，而不是“先有鸡还是先有蛋”这样的二难论。

意识实际上可以被理解为无意识操作的一种突现的性质，或许是基于神经认知整合机制，它允许我们明确地集中注意在给定的内部过程上。例如，做决定的“整合到束缚模型”把行动的最初意向跟无意识和有意识工作的动态互动相等同（Murakami *et al.* 2014）。这些思想实际上处于认知神经科学中的主流理论的核心，引若干代表性例子，它们包括全球工场模型、意识的神经动力学模型、身体认识模型（Baumeister *et al.* 2013，Craig 2009，Lau & Rosenthal 2011，Seth *et al.* 2006）。神经科学中这些主要的倾向没有一个同二元的、二元论的心智能力观念相兼容。确实，甚至那些认为研究自由意志是一项非科学事业的学者，也同意建构必须是灵活地构思，而不是用二元的词汇（Montague 2008）。根据同样理由，我们提议，自由意志可以更合适地设想为一种连续统，包括无数的部分和灰色区域，它们彼此相互影响。因此，意志行动和决定必然需要若干无意识过程，它们暗中告知有意识的意向（Roskies 2012）。

170

A1.3.3　决定和自我决定作为对自由意志的共存的限制

从纯粹**解释项**的视角看自由意志，只有当我们有一个科学模型，能够预测世界上（或者，在这个案例中是精神世界）的所有事件，决定论同非决定论的对立的激进方案才能有效。**解释项**同**被解释项**的等同，只有通过上帝之眼，才能达到。这种可能性不仅逃避了自由意志的建构，也逃避了我们所知的全部科学。

从神经认知的视角看，按照适用于记忆、道德认知或做出决定的同样的一些原理，自由意志既是被决定的，也是自我决定的（Nahmias 2012）。作为一个突现过程，自由意志包括自我决定的能力，来协调导致有意决定的不同过程。自由意志的管弦乐队取决于乐器，诸如决定机制（概率、不确定性、风险），认知灵活性（有效记忆、抑制），道德情感（罪恶、羞耻、骄傲）和推理等等。管弦乐队的自组织成为自由意志的自我决定的基础，但这并不意味着音乐是无限的。神经认知乐器和音乐家可以因为疾病、情景条件或文化局限而变得破旧。重要的是，管弦乐队只能产生那些现有乐器和音乐家能够产生的音乐。这个管弦乐队的可能性既不是无限的，也不是完美的，但这不否定系统的内部音乐的存在。

171

A1.4　走向网络科学支持的自由意志的非镶嵌式观点

有关自由意志的新奇认知神经科学应该如何处理上述考虑呢？第一，复杂的认知过程不取决于单个区域**本身**。事实上，没有单个脑区能促成自由意志。作为单一对象，自由意志只能在概念层次或分析层次上来理解。从神经认知的视角，它的基本过程是隐藏的、突现的和错综复杂地组织起来的现象。第二，各个不同的脑区标志与自由意志相关的不同的过程（做决定，道德认知，推理，意识状态）影响自由意志本身的神经关联物（Roskies 2010）。当代的神经科学已经从孤立的、人体模型的和单机制的解释走向突现的、基于网络的神经活动的图景——特别是有关复杂的认知领域。当然，我们目前缺乏任何及所有人类能力的完备理论。如果这并不阻碍在研究记忆、语言或社会认知中的进展，为什么要在自由意志的研究上加上更苛刻的要求呢？即使没有自由意志的完备理论，我们也可以研究不同的脑区和过程如何影响这种能力。例如，对一个孤立区（前扣带回皮层）的温和电刺激，在有关的分布网络中（皮层上的和皮层下的）引起特定的自由意志般的反应（Parvizi *et al*. 2013）。

我们仍然离这种能力的完全收敛的模型还很遥远。自由意志影响极端复杂的社会情境，并被若干因子所影响，诸如适应战略、偏好、报酬评价、加强学习、社会合作、竞争和控制，以及其他的参数（如不确定性、歧义性或概率）。从方法论上讲，对动物和人的多重研究已经通过行为、药理和以伤害为基础的进路，以及通过脑电图、fMRI（功能磁共振成像）、以模型为基础的 fMRI、PET（正电子发射成像术）和 TMS（颅磁刺激）的记录，评价了自由意志有关的过程。在没有整合的框架来联合解释这样一个巨大的经验领域，我们对自由意志的神经认知基础的接近，在可预见的将来，至多仍然是部分的。 172

然而，在新近工作中可以追溯到某些共识（Nahmias 2012；

Roskies 2010，2012；Zhu[①] 2004）。一个扩展的神经网络，主要同单胺能额侧回路和边缘回路有关，在与其他领域特定的网络互动时，可能对自由意志是关键性的（注意这个网络包括侧皮层、内侧皮层和眶额皮层，纹状体，杏仁核，脑岛，基底神经节，前扣带皮层和单胺能通路）。还有，与自由意志有关的不同过程应该激活这一广泛网络的不同亚线路，例如，做个体决定的网络。此外，做社会决定似乎涉及与社会认知和选择整合有联系的脑区，而简单意志任务能够在做非社会决定时衔接前补充区和顶区。其他领域，如执行功能、记忆、情感和感觉可以调节自由意志的神经关联。尤其是，一些选出的领域——更直接地关联到自由意志的某些方面，例如意志（Roskies 2010）或做道德决定（Christensen & Gomila 2012）——暗示着扩展和重叠神经系统。

简要地说，自由意志可以关联到很广泛的网络，包括为它的关键的和有关联的亚功能提供更具体的神经基质。这些有关网络的发散性、重叠和非特定性的考虑听起来可能是很初步的和有问题的。然而，它们不是为了自由意志以**特设的**方式提出来的；与此相反，它们对流行的和充分建立的其他复杂领域的神经认知模型是至关重要的，例如情境社会认知（Ibañez & Manes 2012）、道德认知（Moll *et al*. 2005）、意志（Roskies 2010）或智慧（Meeks & Jeste 2009）。

① 朱菁，现为厦门大学哲学系教授。

A1.5　结论

某些著名的神经科学家认为，我们需要判决性的神经科学试验，来证明自由意志是否实际存在。这里，我们提出一个不同的概念挑战：在自由意志的经典说明后面的边界和二元论假设可以认为是幻觉，或者至少动机是不科学的。自由意志的自然化（或者更精确地说，神经认知化），摆脱了以前的绝对性、意识和二元论紧张关系的假设，将提供对这一概念的新的洞见，它建立在有力地表征了其他神经认知领域的教义（如做出决定和道德认知）之上。

173

一个新的、后经典的、后本体论的和后二元论纲领，可以允许我们检验自由意志（作为自然的、神经认知的和文化情境的现象）的本性和动力学的特定假说。可是，严重的是，这种努力应当考虑今天神经科学在处理复杂过程时的局限，特别是这些涉及私人的、主观的、不可传递的内部经验（Roskies 2010）。在执行研究自由意志的科学纲领时，实验哲学有许多根据来进行补充（Nahmias 2012，Nichols 2011）。本章所概述的理论平台可以鼓舞新的实验进路，使自由意志研究摆脱传统的（和科学上无成果的）本体论思辨的限制。

迄今为止，科学对外部和遥远的对象，如恒星和行星，比对我们脑子中的内部宇宙，提供了更可靠的知识。正如自由意志这个概念本身，这个观念很早就由圣·奥古斯丁引入了。在他的《忏悔录》中，他写道："人跑到外面赞叹山岭的高耸，海浪的巨大，河流潮水的汹涌，海洋的浩瀚，星体的回转，可是面对他们自己的奥秘，却毫无想法。"然而，正如我们更新的我们的自由意志观，我们能够通过提出正确的问题（避免提出不好的问题），来揭示对我们的内部世界的洞察。奥古斯丁自己可能不会相信神经认知进路研究自由意志的前景，但它提供了机会。我们希望，随着时间的推移，植根于这种新自由意志观的突破会允许我们对这位巨人——我们站在他的肩膀上——致敬。

致谢

本项工作得到 CONICET 和 INECO 基金会的部分资助。

174

参考文献

Baez, Sandra, Blas Couto, Teresa Torralva, Luciano A. Sposato, David Huepe, Patricia Montañes, *et al.* 2014 Comparing moral judgments of patients with frontotemporal dementia and frontal stroke. *JAMA Neurology* 71(9): 1172–1176.

Baez, Sandra, Philip Kanske, Diana Matallana, Patricia Montañes, Pablo A. Reyes, Andrea Slachevsky, *et al.* 2016. Integration of intention and outcome for moral judgment in frontotemporal dementia: Brain structural signatures. *Neurodegenerative Diseases* 16(3–4): 206–217.

Baumeister, Roy F., E.J. Masicampo & Kathleen D. Vohs. 2011. Do conscious thoughts cause behavior? *Annual Review of Psychology* 62: 331–361.

Christensen, Julia F. & Antoni Gomila. 2012. Moral dilemmas in cognitive neuroscience of moral decision-making: A principled review. *Neuroscience and Biobehavioral Reviews* 36(4): 1249–1264.

Craig, A.D. (Bud). 2009. How do you feel — now? The anterior insula and human awareness. *Nature Reviews Neuroscience* 10(1): 59–70.

Danquah, Adam N., Martin J. Farrell & Donald J. O'Boyle. 2008. Biases in the subjective timing of perceptual events: Libet *et al.* 1983 revisited. *Consciousness and Cognition* 17(3): 616–612.

García, Adolfo M. & Agustín Ibáñez. 2016. A touch with words: Dynamic synergies between manual actions and language. *Neuroscience & Biobehavioral Reviews* 68: 59–95.

Gomes, Gilberto. 2002. The interpretation of Libet's results on the timing of conscious events: A commentary. *Consciousness and Cognition* 11: 221–230.

Ibañez, Agustin & Facundo Manes. 2012. Contextual social cognition and the behavioral variant of frontotemporal dementia. *Neurology* 78(17): 1354–1362.

Klein, Stanley A. 2002. Libet's temporal anomalies: A reassessment of the data. *Consciousness and Cognition* 11(2): 198–214; discussion 314–325.

Lau, Hakwan & David Rosenthal. 2011. Empirical support for higher-order theories of conscious awareness. *Trends in Cognitive Sciences* 15(8): 365–373.

Libet, Benjamin. 2006. Reflections on the interaction of the mind and brain. *Progress in Neurobiology* 78(3–5): 322–326.

Libet, Benjamin, Curtis A. Gleason, Elwood W. Wright & Dennis K. Pearl. 1983. Time of unconscious intention to act in relation to onset of cerebral activity (Readiness-Potential). *Brain* 106: 623–642.

Meeks, Thomas W. & Dilip V. Jeste. 2009. Neurobiology of wisdom: A literature overview. *Archives of General Psychiatry* 66(4): 355–365.

175

Moll, Jorge, Roland Zahn, Ricardo de Oliveira-Souza, Frank Krueger & Jordan Grafman. 2005. Opinion: The neural basis of human moral cognition. *Nature Reviews Neuroscience* 6(10): 799–809.

Montague, P. Read. 2008. Free will. *Current Biology* 18(14): R584–R585.

Murakami, Masayoshi, M. Inês Vicente, Gil M. Costa & Zachary F. Mainen. 2014. Neural antecedents of self-initiated actions in secondary motor cortex. *Nature Neuroscience* 17(11): 1574–1582.

Nahmias, Eddy. 2012. Free will and responsibility. *Wiley Interdisciplinary Reviews Cognitive Science* 3(4): 439–449.

——. 2015. Why we have free will. *Scientific American* 312(1): 76–79.

Navon, David. 2014. How plausible is it that conscious control is illusory? *The American Journal of Psychology* 127(2): 147–155.

Nichols, Shaun. 2011. Experimental philosophy and the problem of free will. *Science* 331(6023): 1401–1403.

Parvizi, Josef, Vinitha Rangarajan, William R. Shirer, Nikita Desai & Michael D. Greicius. 2013. The will to persevere induced by electrical stimulation of the human cingulate gyrus. *Neuron* 80(6): 1359-67.

Roskies, Adina L. 2010. How does neuroscience affect our conception of volition? *Annual Review of Neuroscience* 33: 109–130.

——. 2012. How does the neuroscience of decision making bear on our understanding of moral responsibility and free will? *Current Opinion in Neurobiology* 22(6): 1022–1026.

Seth, Anil K., Eugene M. Izhikevich, George N. Reeke & Gerald M. Edelman. 2006. Theories and measures of consciousness: An extended framework. *Proceedings of the National Academy of Sciences of the United States of America* 103(28): 10799–10804.

Shepherd, Joshua. 2012. Free will and consciousness: Experimental studies. *Consciousness and Cognition* 21(2): 915–927.

Smith, Kerri. 2011. Neuroscience vs. philosophy: Taking aim at free will. *Nature* 477(7362): 23–25.

Soon, Chun Sion, Marcel Brass, Hans-Jochen Heinze & John-Dylan Haynes. 2008. Unconscious determinants of free decisions in the human brain. *Nature Neuroscience* 11: 543–545.

van der Grind, Wim. 2002. Physical, neural, and mental timing. *Consciousness and Cognition* 11(2): 241–264.

Verbaarschot, Ceci, Jason Farquhar & Pim Haselager. 2015. Lost in time...: The search for intentions and Readiness Potentials. *Consciousness and Cognition* 33: 300–315.

Zhu, Jing. 2004. Locating volition. *Consciousness and Cognition* 13(2): 302–322.

附录 2
心灵哲学需要一个更好的形而上学①

马丁·马纳尔

科学和批判思想中心

德国，罗斯多尔夫 GWUP e.V.

A2.1　导言

在考察脑和心灵的关系时，心灵哲学涉及精神性质、精神状态、精神事件，等等。它也用“等同”“因果性”“附加”或“突现”这样一些概念。因此，心灵哲学充满了形而上学，但它是没有充分发育的形而上学理论，更不用说普遍接受的理论。此外，

① 重印自 Miller，Steven M. ed.（2015）*The Constitution of Phenomenal Consciousness*：*Toward a Science and Theory*，pp.293-309. Amsterdam：John Benjamins，得到作者和出版商的允许。——原注

用在心灵哲学中的形而上学概念时常基于日常的语言概念而不是科学概念。这是不幸的，因为在我看来，这使得这个领域的进展缓慢下来，在这领域中，同样的老问题——如果不是伪问题——一直在被反复讨论，却没有太多解决的希望。例如，著名的反对唯物论的还魂尸（zombie）论据，和计算机或其他机器可以发展出意识的功能主义主张，都简单地消解在某种本体论之中。

由此可见，引入一种有前途的形而上学理论应该是有意义的，并看一看为什么这些例子在这种形而上学的启示下，就不成问题了。有相当长时间，分析的形而上学一直是兴盛的哲学领域，从中可以选择许多进路。[①] 按照我的意见，最有前途的本体论正好不属于哲学主流，这就是为什么在这里值得去考察马里奥·邦格（Bunge 1977，1979）发展起来的本体论的力量，他早就应用他的进路去研究心身问题（Bunge 1979，1980；Bunge & Ardila 1987），可是，没有探索所有它的可能分支和后果。我以前曾应用邦格的本体论去研究生物哲学（Mahner & Bunge 1997），而且我也在一本德文著作（Bunge & Mahner 2004）中总结了他的形而上学，只要方便，我就要引用这些著作。

① 注意我在本章中用“形而上学”和“本体论”以及相应的同义的形容词。在哲学传统中引入“本体论”这个词指的是去神学化的形而上学。在我看来，令人遗憾的是，今天“本体论”时常用来表示科学理论的指称类的联盟，那就是说，它告诉我们“有什么”。——原注

A2.2　马里奥 · 邦格的唯物论形而上学

A2.2.1　物与性质

图 A2.1 说明了邦格的本体论的逻辑结构——我将在本节中介绍这一结构。

邦格的本体论是所谓的实体形而上学，它把物质的东西看作最基础的概念。（与此相对照，过程哲学把过程看作比物更基础的东西）按照亚里士多德形而上学的风格，（物质的）物的概念是从性质和实体的概念发展出来的。一个实体或单纯的个体“带有”或“携带”性质。注意，性质或实体在自主存在的意义上都不是实在的：既无自我存在的性质，也无自我存在的实体；只有有性质的实体，那才是物。因此，性质和实体只是在分析上先于物，而不是在事实上先于物。

我们可以区分几种类型的性质。第一种区分是内在性质和关系性质。**内在**性质是一个物所具有而与任何其他物无关的性质，即使是在其他物的影响下获得的。例如，组成成分、电荷、质量、意识。与此相对照，**关系**性质当然是只有当一物与其他某个（些）物有关系时才具有的。例如：速度、重量、下降。关系性质的一个特殊类型是所谓的第二性质或现象性质。首要的例

180

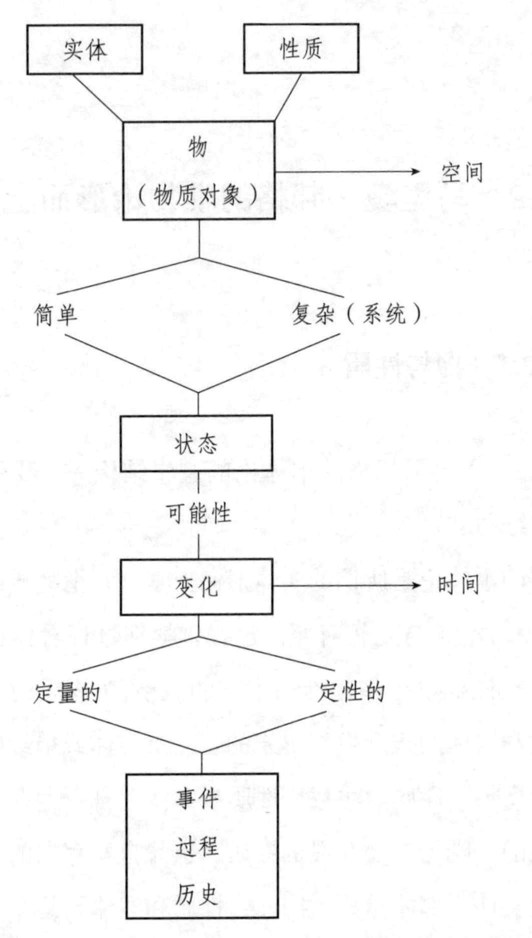

图 A2.1　马里奥·邦格的本体论的基本结构（根据 Bunge & Mahner 2004 做了修正）。此图从上到下阅读，节点在前面的逻辑或定义的意义上被理解，那就是在某一层次的概念借助于前一概念来定义。例如，性质的概念在逻辑上先于状态的概念，它又先于事件的概念。指向空间和时间概念的箭头表示它们不是基本的，而是从物和变化的概念导出的。这就是说，物质的或具体的物不是用时空性来定义的。

子当然是颜色。某物的反射波长（或者，更精确地讲，光谱反射的分布）是第一性质，颜色是第二性质，那就是说，波长（或，更精确地讲，光谱反射分布）被具有适当的感觉器官和足够复杂的神经系统的某个生命机体所表象。在这个构造中，第二性质是关系性质，因为它们被主体 / 客体系统所具有，而不是由主体或客体单独所具有。客体只有第一性质，而如果一个主体有一个现象经验而没有实际感知（表象）一个外部客体，那么他要么是做梦要么是幻觉。

另一个区分（又回到亚里士多德）是本质性质和偶然性质。本质的（构成的）性质是那些决定一个物的本性或本质的性质。它们是我们描述一个物是哪一类时所需要的那些性质。例如，我的脑和一块岩石的差异由二者的本质性质所给出。与此相对照，一个偶然性质对于一物是什么没有差异。例如，一块石英晶体处在大洋洲或非洲，对于它是一块石英晶体没有差异。这些例子表明，本质性质成串地出现，它们是**有规律地**关联的。这意味着规律的本体论构造，不是在规律陈述的意义上的认识论构造。规律，或者更精确地讲，合规律地关联的性质是规律陈述所指称的，如果是真的话。本体的规律在此意义上是**内在**于具有它们的物中。它们既不是偶然的，也不是无中生有的。规律属于物的本性。即使是上帝，如果不改变物的本性，也就不能改变物的规律性行为。

因此，邦格是自然哲学中称为“新本质主义”的一位代表

(Ellis 2002)，称他为**科学的或规范的本质主义**。[①] 规律作为物的性质的这种本质主义观点是很重要的，因为一个物规律地关联的性质决定一个物**实际**可能是什么，而不仅仅是**逻辑上**可能。

181

此外，还有定性性质和定量性质，以及显示性质和倾向性质，而倾向性质可以是因果性质（例如，玻璃倾向于破碎）或随机性质（例如原子的衰变倾向）。

最后，我们有一类性质，它同心灵哲学关系最大：这就是系统（或突现或随附的）性质，它与仅仅是合成的性质相对立。大多数物都是复杂的，即，它们都由部分组成，部分又可以由它的部分组成：它们是系统。只有系统作为一个整体而具有的性质，而它的孤立的部分都不具有的性质是一种**系统**性质；否则就是**合成**性质。如果我在工厂里装配一部计算机，它的各个部分都有质量，最后的成品也有质量。总质量正好是它的部分的（定量的）质量性质（相加）之和。与此相反，只有正确装配起来的计算机作为一个整体显示的各种性质——最明显的是它的特殊功能——是它的系统性质。我们也可以称这些系统性质为“随附性质”或

① 众所周知，本质主义今天并不强盛，特别是在生物学哲学中，它变得更像是反本质主义。例如，由于生命机体的巨大变异，许多生物学哲学家相信，生物学中没有规律（= 规律性陈述）。但这并不要求生命机体不合规律的行为；而只是不要时常试图寻找一般的或普遍的规律性陈述，因为它们的指称类颇小，例如，只对某些亚种、种或更小的单位成立；那就是说，只对那些共有同样规律性质的生命机体成立。换句话说，生物学类时常只有少量的标本（关于生物学中的规律，参见 Mahner & Bunge 1997，Ellis 2002）。因此，在生物学和它的哲学中，反本质主义是误导的，正如在其他任何地方一样，在心灵哲学中也是如此。——原注

"突现性质"。邦格倾向于用"突现"这个词，他以纯粹的本体论词语定义它：一个不出现在它的部分之中的一个整体的性质。"突现"时常用认识论术语定义，即不能从它的部分的知识说明或预测一个整体的性质。然而，系统性质是否可以通过参照系统的各个部分来说明（或预测）并不重要，因为它是一个整体的（新）性质。可是一个整体的系统性质确实合规律地取决于它的部分的（本质）性质（所谓基础性质）。这就是为什么，与功能主义者的信仰相反，你的未成熟的干酪永远不能思考或有感情：因为它的部分缺乏相关的基础性质。

182

为了例示合规律地关联的本质性质和突现的重要性，让我们看一个例子（图 A2.2）。一物 x 有两个性质 P 和 Q，它们是合规律地关联的，或者，换句话说，由规律 L_{PQ} 关联着。一个更复杂

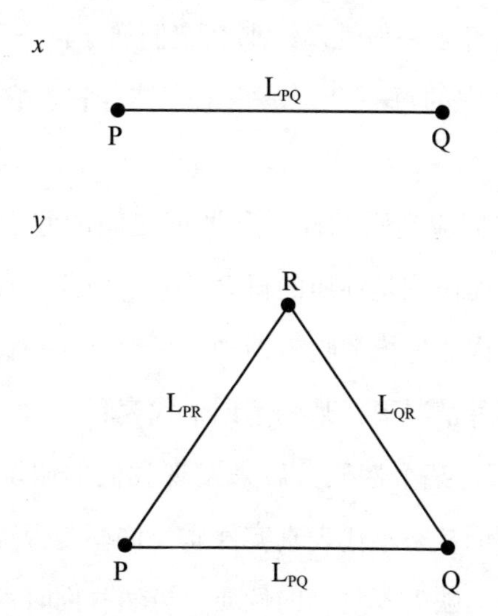

图 A2.2　物 x 中的本质性质间的规律性关系，在新物 y 中新规律的突现。说明见正文（据 Bunge & Mahner 2004 做了修正）。

的物 y 由某些和 x 同类的物组成，但额外具有一个新的（突现的）性质 R。如果 R 是一个本质性质，它必定要么与 P，要么与 Q，或许甚至同两个一起，合规律地关联。这就是说，y 必须具有至少一个新规律 L_{PR} 或 L_{QR}，或者甚至两个。作为一个推论，如果 y 不能有一个甚至两个基本性质 P 和 Q，那就没有规律性的突现性质 R。用一个不同的性质 S 来取代 Q（这意味着你用不同的部分 z 取代部分 x），这样你将既得不到 R，也得不到 L_{RQ}，至多是不同的性质 T 和或许一个新规律 L_{ST}。

一物在给定时间被一组它的性质个体化了（或确定了）。这些性质都是个体的性质，只有给定的物具有它们。没有其他的物能够具有**我的**质量或**我的**年龄，虽然许多其他的物也有某个质量或年龄。我们因此能够从个别性质区分出一般（或普遍）性质。[①] 如果一些物共有许多一般性质，那么它们属于同一类型或同一类。但是给定类型中的每一个，是一个个体，它被它的特殊性质个体化。

183

最后，我们应当强调性质和谓词之间的差别。性质总是具体物的性质，而谓词是性质的概念表象。因此，真实的物具有性质，只有我们内心的模型物有谓词。显然，某些我们的表象可以是错的，在那种情况下，某些谓词不代表真实的性质。我们有时假说某个物具有某个性质，后来发现我们的假说是错的。尤其是，有两类谓词从来不代表真实性质。这些是否定谓词或选言谓词。某种性质的缺失不是物的性质，虽然我们时常用没有某种性

---

① 个别性质在分析本体论中时常被称为“转义”。——原注

质来描述某个物是很方便的。例如，我没有翅膀，但这并不意味没有翅膀是我的一个性质。而是，有关的性质是我有某种结构的前臂，它使得我能抓、能触摸等等。否定是**指话的**（de dicto），不是**指物的**（de re）。同样对选言谓词也成立。例如，"重"或"透明"不是任何物的性质，任何物只能有产生重的或产生透明的性质，或者是产生重又透明的性质。①

A2.2.2　状态

在日常语言中，状态是像一个均匀的相或某一过程的阶段的某种东西。例如，人们说，一个物体处在运动状态中，或者一个人处在混乱状态中。可是，在邦格的本体论中，状态是某种静态的东西，而这种静态概念是用来定义事件和过程的（动态）概念。

184

如我们在上面看到的，每样东西都有许多性质。一物在某一时间的性质的总体决定该物在给定时间的状态。因为每一性质都可以表述为一个数学函数，n 个这样的函数的表被称为该类物的状态函数。那就是说，如果我们有 n 个函数 F_i，那么给定物的状态函数 F 就是这个表，或 n 个函数 $F=\langle F_1, F_2, \cdots, F_n\rangle$。F 在时间 t 的值，即 $F(t)=\langle F_1(t), F_2(t), \cdots, F_n(t)\rangle$，表示物在

① 邦格性质理论的推论是布尔代数不能用来形式化像"性质"或"增生"这类的本体论概念。所有这些尝试从开始就注定要失败的。真实性质有无限－半阶梯的形式结构，它是比布尔代数贫乏得多的结构。关于对 Kim（1978）用布尔代数对随附概念的早期分析的批评，参见 Mahner and Bunge（1997，p. 32f.）。——原注

时间 t 的状态。

一物的可能状态的集可以在一个状态空间中表示，或在物的可能性空间中表示。这是抽象空间，由相应的状态函数 $F=\langle F_1, F_2, \cdots, F_n\rangle$ 生成。如果，为简单起见，我们考虑只有两个性质，那么相应的状态空间是一个平面区域，由轴 F_1 和 F_2 决定——参见图 A2.3。有 n 个性质的物的状态空间是 n 维的。

因为本质性质是合规律地关联的，一个物质的东西不能是在它的所有逻辑上可能的状态：它真正可能的状态被定义它的类的定律所限制。给定的物的逻辑可能的状态空间的真正可能的状态的子集，称为它的**合规律的**或**规范**状态空间 S_N——亦见图 A2.3。

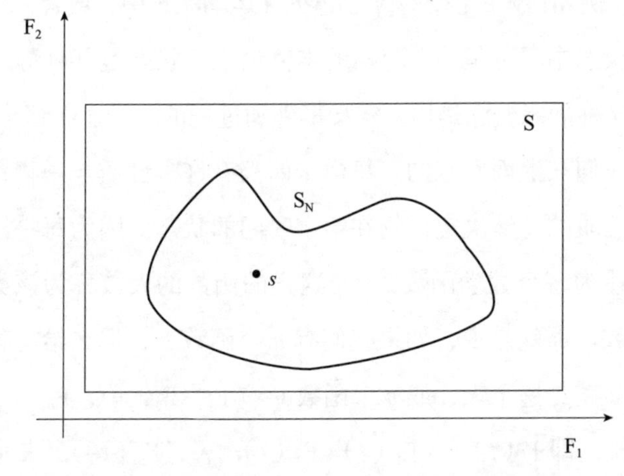

图 A2.3　两个性质 F_1 和 F_2 生成一个二维状态空间 S。给定物的任何状态 s 用一个点表示。一个给定类的物质的规律将逻辑上可能状态空间 S 限制为一个真子集：它的规范状态空间 S_N（据 Bunge & Mahner 2004 做了修正）。

185　按照这种构造，一个脑（或者若干个神经亚系统）的意识状态集是它的规范状态空间的一个真子集。不管怎样，它应该是原则上可能的，虽然或许在实践上不可能，即画出一个脑的意识状态空间。

显然，如果一个物获得一个新（在特殊系统的）性质，我们必须加一条新轴到它的状态空间的表象中，而如果它失去一个性质，我们必须去掉一条相应的轴。这样，突现可以表示为在物的状态空间中加一条新轴。逆过程，即在系统形成或分解过程中，失去性质，可以称为**突失**（submergence），它通过去掉轴来表示。

A2.2.3　事件和过程

物很难处在同一状态中。事实上它们总是在变化。关于“变化“我们的理解是状态的变化，从而也是物的性质的变化。变化可以用状态空间中的一条线来图示（图 A2.4）。而状态空间中的点表示一个状态，一条线表示状态的序列。一个事件可以表示为一个有序的状态偶〈始态，终态〉或〈s，s'〉。至于一物的逻辑可能状态，我们可以收集一物中的所有逻辑可能事件（或其状态变化），去形成该物的可设想的事件空间。因为每个物只能处在规范可能状态，它也只能经历规范可能的状态变化，即事件。因此，真正可能的事件集限制在变化中的该物（或一些物）的规范事件空间中。

正如物并不停留在同一状态，它们通常并不只是经历单个事件，而是经历事件的序列。一个状态的序列，或者，换句话说，一物的两个或更多事件的序列是一个**过程**（或者复杂事件）。因此，过程可以用状态空间中的一条曲线来表示。这是重要的，因

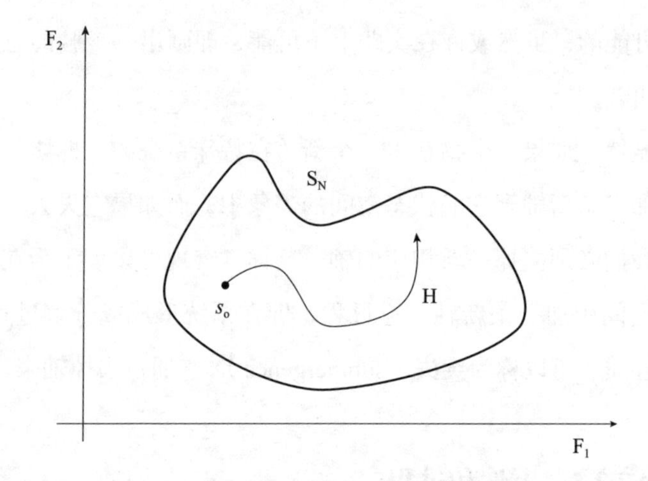

图 A2.4　过程可以用一物的给定规范状态空间中的一条线 S_N 表示，开始于某个原始状态 s_0。线 H 是给定物的历史，从某个原始状态到某个后来的状态或者甚至到终态（据 Bunge & Mahner 2004 做了修正）。

为不是任何老的事件集都是一个过程：只有一物的状态序列（不管多么复杂）够资格成为一个过程。不需要说，两个或更多的物可以互动，因此形成一个系统，它们的状态和状态变化可以在它自己的状态空间中表示。

有些特殊的过程类型称为**机制**。机制是**特定**的过程（特征函数），那就是说，它们只出现在某类物中。详见节 A2.3。

最后，一物的**历史**是它的状态变化的全集，从它最初的 s_0 到它的最终，如果有的话。[①] 参见图 A2.4。

① 因此邦格的本体论是所谓**持久论**（endurantism）的一个标本。——原注

A2.2.4　原因

邦格简单地称为“过程”的东西，时常被称为“因果过程”。可是，在邦格的本体论中，一物的状态不是同物后来的状态的原因。年轻不是老年的原因，蝴蝶幼虫不是蝴蝶的原因。邦格谈及（外部的）原因只有当一个给定物状态的变化（即给定物中的事件）引起某个其他物状态的变化（即其他物中的一个事件）；或者如果一物的一个部分中的事件引起另一部分中的一个事件的时候。因此，因果关系只在事件之间成立。

因果性概念可以用状态空间进路来阐明。考虑两个不同的物，或一个物的不同部分，或某类物的不同部分。称它们为 x 和 y，称它们各自在某个时间间隔内的历史为 H（x）和 H（y）。进一步，称 H（$y|x$）为当 x 作用于 y 时 y 的历史。那么，我们说，x 作用于 y 当且仅当 H（y）$\neq$ H（$y|x$），那就是说，当 x 引起 y 状态的变化。x 中相应的事件 e 引起 y 中的事件 e'，e 是原因，而 e'是结果。

187

正如规律的概念一样，因果性概念在这里也是本体论的，而不是认识论的。它可以被分析为能量在两个物体之间或一个复杂物体的两个部分之间传递的形式。这里没有说，特别是在生物科学中，许多原因是难以检测的，它们需要精致的实验和统计方法。

如果如这里所定义的，严格讲，只有事件是原因，物和性质都不是原因。在关于精神因果性的争论的语境中（有关概述，可参见，例如，Robb & Heil 2008），人们通常主张，如果精神性质是真的，它们需要有“因果力”。但是，如果精神性质仅仅是某些神经元系统的系统性质，它们并不促成任何事情。（确实，我们可以考虑这是一种性质副现象论形式）至多是，整个变化着的神经元系统可以引起某种事情；换句话说，一个带有（突现）精神性质的神经元系统其行为可以不同于一个没有这种性质的系统；或者，更精确地说，一个有神经元系统的生命机体，该神经元系统具有突现精神性质，其行为应当不同于一个没有这些性质的生命机体。

没有精神事件就不可能有精神因果性，没有精神物就不能有精神事件。因为，按照邦格的突现唯物论，没有精神的物（即非物质的心灵自身），就没有精神事件，因此没有精神因果性。虽然谈论精神状态和事件可能是神经科学日常事务中的方便的缩写，但使用形而上学上构思拙劣的词汇，可能会在心灵哲学中产生严重的误导作用。

A2.3 系统和机制

绝大多数物都不是简单的，而是复杂的：它们由其他的物组成。如果一个复杂的物只是其他物的堆积，例如一堆沙，它就是堆积，而不是一个系统。与此相反，系统是聚合的：它们有特定的结构，通过强键而构成。除了微观的实体，如夸克和电子，人们还不知道它们由更小的部分组成，实际上科学所研究的所有物，从原子到社会，都是系统（Bunge 1979）。

188

在分析任何系统时，有三个方面是重要的：它的组成，它的环境和它的结构。邦格称这是系统的 CES（组成－环境－结构）**分析**。一个系统的**组成**当然是它的（自然的和物质的）部分的集合。[①]

一个系统的环境是它的组成的补充，即给定系统之外的所有物的集合。可是对于一个具体系统 *s* 的科学模型来说，我们不需要把宇宙的其余部分都加以考虑。我们可以把我们的分析限制在那些可以作用于 *s*，或 *s* 可以作用于的那些物上。于是，那些有关的东西，就是 *s* 的**直接的**（**或直接因果的**）**环境**。

最后，系统 *s* 的结构是它的组成之间的关系的集合。这里特别的关系是使得 *s* 聚合在一起的那些关系。这些是**键连的**或**因果的**关系。按照上面引入的状态空间进路的调子，我们能够说，物 *x* 和物 *y* 是**键连**关系，那么当 *y* 的状态改变时，*y* 同 *x* 的关系仍然成立。因此，一个系统的规范状态空间不是它的组成的规范状态空间的结合 [或分体论（mereology）之和]，但它必须被重新建构，特别要考虑到给定系统的突现的（或合规律性的）性质。

于是，一个系统 *s* 的**内部结构**（或**内结构**）是 *s* 的组成间的键连和非键连关系的集。通常我们只对 *s* 的键连内结构感兴趣，

① 在日常语言以及在分体论中，一物的部分的集可以包括任意的部分，它们并不真正存在，而是按照我们的愿望把一物人为地（或从概念上）将它分割为许多部分。一个例子就是关系部分，如一座塔的上、中、下部分，而塔的自然部分是石头、钢梁、瓦、窗户或任何构成塔的东西，以及组成这些部分的进一步的自然部分。限制词"自然的"包括这些任意的部分，集中注意属于自然类的部分。最后，限制词"物质的"排斥所谓的时间的部分，它们出现在持续本体论中。——原注

例如，当我们要知道神经元是怎样连接到复杂系统之中的时候。当系统，或它们的某些部分，也同某些外部的物相互动，它们也有一种**外结构**。正如它的内结构一样，一个系统的外结构也是系统（或它的某些部分）之间的键连和非键连关系和它的环境的项的结合。我们通常也只对一个系统的键连外结构感兴趣。

189

键连外结构的概念使得许多系统都有层次结构这一点变得明显：它们组成子系统，它们是某个（些）超系统的部分。因此，对系统的研究必须集中注意某个特定的组织层次，那就是，它将考虑一个系统的子系统和某些它是其部分的超系统。例如，研究神经元系统和它们的功能需要考察不仅是它们的分子和细胞组成，而且也需要考察整个大脑，而且，在意识的场合，还需要考察该人的社会输入。换句话说，对一个科学解释有意义的不是一个系统的全部组成、环境和结构，而只是某些邻近层次的组成、环境和结构。一个系统的 CES 分析因此通常限于 $C_LE_LS_L$ 分析，其中 L 指的是给定系统的有关子系统或超系统层次。无论如何，用精神的突现观来解释精神，完全无关的是对微观层次的任何指称，因为它忽略了其中较高层次系统的所有突现性质。

十分常见的说法是，具体科学探讨不同的系统层次，例如物理层次、化学层次、生物层次和社会层次，于是产生了一个问题，是否还有精神层次。在邦格的形而上学中没有精神层次，因为精神被设想为某些神经元系统的一种突现性质。要有精神层次，当且仅当有精神的物，在神经元系统之上或之外。所以，如果脑产生一个自我存在的心灵或精神物，例如腺分泌某种激素，那就会有一个精神层次。如果精神只是一种突现性质，只存在于当某些神经元系统经历某些过程之时，那么就没有精神物，因此也没有精神层次，除非我们要约定这样一个精神层次，就是所有神经元系统的集合，它们能展示精神性质。①

系统的 CES 分析是静态的。为了更接近真实生活的状况，我们需要考虑到系统的变化。例如，因为意识最可能是高度复杂的神经元系统的某种活动或活动样式，它不能仅仅靠神经元系统的静态分析而得到充分理解。如我们在节 A2.3 中看到的，每样东西有它自己的规范事件空间，那就是说，它能够经历的一组规范上可能的变化。什么是规范上可能的，由给定系统的合规律的性质（包括它的突现性质）所决定。系统 *s* 所有可能过程的子集是 *s* 的特定类过程的集。例如，许多细胞共有类似的基础生理学，但只有某些细胞能够通过光合作用（包括相应的生理过程）获得能量。这些特定的过程或功能可以称为给定系统的**机制**。因此机制是一个过程功能，不是一个结构化的东西。②

190

注意“功能”时常不是在“过程功能”或“发挥功能”（即

① 因此，“意识的组成”问题（Miller 2007）必须在**带有**精神性质的和那些**不带有**精神性质的神经系统的构成（组成、结构、环境和机制）的意义上来理解。不需要说，区分这些神经元系统仍然是神经科学最难以解决的任务。——原注

② 在论机制解释的文献中，把有结构的物及其过程都称为机制（参见，例如，Glennan 2002，Machamer *et al.* 2000）。这当然是正确的。例如，我们谈一只表的机制，而这属于描述一只表的组成和结构。这种组成和结构只允许这种特定的过程，我们在这里称之为机制。注意邦格倾向于用新的形容词“机制的”，而不是用“机构的”，从而避免误解为物理机构或机器的比喻。例如，一种社会机制，是远远不同于机械的。——原注

modus operandi）的意义上被理解，而是在“角色功能”的意义上来理解。可是，角色功能是一个系统，它是某个更高层次系统的部分（Mahner & Bunge 1997，2001）。例如，心脏的角色功能是泵血。但是，这种角色功能至少可以用两种不同的机制或过程功能来实现：一个正常的生物心脏的肌肉收缩（当然包括所有有关的低层次过程）或取代有心脏病的病人的心脏的人工泵的电机制。因此，看来角色功能是可以多途径实现的，而过程功能就不是。如果意识是某种神经元系统的过程功能，那么不同类的系统就不可能有意识（节 A2.5 将更详细地讨论这个问题）。

总之，考虑到一个给定类的系统的特性变化——它的机制——我们可以在 CES 三重分析上加上第四个维度 M。得到 CESM 四重分析。用 CESM 的分析系统，本质上是科学的和机制的解释所做的事情。[①]

① 虽然机制解释（与经典相对立，仅仅是分类的演绎规范解释）在过去二十年变得日益普及，但在科学哲学中邦格早在 1967 年就提出来了（Bunge 1967，p.25ff.）。不幸的是，他称它为“诠释解释”，并且不幸地，他的工作被哲学共同体基本上忽视了。他在 1983 年对机制解释的进一步阐述也是如此（Bunge 1983）。因此，这就留给其他人来重新发明和普及这个概念。今天，彼得·雷尔顿（Peter Railton）因在 1978 年发明机制概念而被（错误地）给予荣誉（Glennan 2002，p.343）。——原注

A2.4　为什么许多形而上学进路不令人满意

当然，有许多不同的本体论进路。但是我提出，它们或多或少不令人满意。要知道为什么，让我们看一看金在权（Jaegwon Kim）的某些形而上学思考，因为他是心灵哲学的主要专家之一，他也探讨事件、实体、状态等概念。

金在权（Kim 1993）是这样表述事件的："我们把事件设想为一个具体的对象（或一些对象的第 *n* 个）在某个时候展示一个性质（或第 *n* 个关系）。在'事件'的这个意义上，事件包括状态、条件等等，而不是把事件狭隘地仅仅设想为涉及变化。"（p.8；类似的，p.33ff.）我们进一步知道"关于'实体'我意指像桌子、椅子、原子、生物这样一些东西，材料指像水或铜等这类东西"（p.33），"当实体拥有它以前没有的性质，或失去它以前拥有的性质，实体就发生了变化"（p.33）。所有这些就是所谓的"事件的性质展示说明"（p.34）。

为什么这个进路不令人满意？（a）不把变化看作是"事件"意义的本质，这使我感到奇怪和混乱。一物在某个时候具有一个性质是一个事实，但这不是一个事件。不是一切事实都是事件。（b）一些具体对象的第 *n* 个本身不是一个具体对象，而是一个数学表象，因此是一个概念对象。当然有复杂的具体对象，由许多部分组成，但这些是物的系统或物的复合体，形成更高层次的实体。这些系统的组成可以在形式上表示为 n 个，但 n 个并不在那。（c）谈论性质的展示当然是普通的事，但是对于一个唯物论者，它有一个柏拉图主义的环。这好像是性质盘旋在观念的非物质领域，而具体的对象极为罕见地体现或展示了这些性质。因此我避免任何这类谈话。（d）按照传统，一个实体不是一个具体对象，而是“性质的负荷者”。但是没有这种没有性质的裸个体，一个实体至少是一个本体论概念，不是一个真实的物。（e）获得或失去一个性质是性质变化。而更经常的是，具体对象只定量地变化。例如，成长或变老并不要求获得或损失一个性质，而只是改变相应的性质值。确实，在科学中，定量的性质表示为真值函数，所以一个性质的变化可以在某个坐标系中用一条曲线来图示。对像这些定量变化的误解，可能是金在权采纳性质展示进路的理由：如果我们只考虑一个普遍性质（例如年龄），似乎一个具体的变老的对象展示了变老的性质。但事情不是这样：有年龄的普遍性质，但这种性质的个体值在变化。所以在这个案例中我们有状态的变化，不仅仅是具有一个性质。

192

金在权的本体论的缺陷提供一个例子，它表明一个本体论的入口是多么广泛，表明心灵哲学以现有的最好的本体论为基础是多么重要，这个本体论与科学实践更为合拍，并有更大的分析能力。

A2.5　还魂尸和思维机器

指出哲学观点和论据（或许除非它们是纯形式的）都有明显的或暗含的形而上学预设，这是颇为平凡的事。如果我们接受某个论据，认为是令人信服的，那么我们也必须接受它的形而上学预设。与此相反，如果我们没有理由接受这些预设，我们也就没有理由接受相应的论据。我将在这里论证，在前面概述的形而上学的启示下，我们没有理由接受心灵哲学中出现的两个著名观念：功能主义和还魂尸问题。功能主义是错误的，而还魂尸问题是一个非问题。

功能主义和有关的多重可实现性观念预设了物质对于精神生活无关紧要，因为有结构在那儿就行了，所以精神生活可以出现在不同于脑的许多不同的东西中，甚至在像计算机这样的人造物中。这个进路的假说论据之一是称之为“神经元替代”的东西。193 设想我们用一个功能上相当的人造的电子神经元来取代人脑的一个神经元。（形容词“电子的”在这里是重要的，因为我们不关注人造的综合的生物神经元，因为它们在物质上相当于原来的天然神经元）在那之后，病人的脑功能和因此他的精神生活改变了吗？或许没有。现在让我们继续这种神经元取代，直到整个脑由人工神经元所组成。按照功能主义者的观点，这个人工脑会和原来的脑工作得一样好，因此显示意识，因为所有事关紧要的东西

是输入 / 输出行为的功能组织，不是组成脑的物质。

按照突现唯物论连同规范本质论，意识，或者更精确地说，**有意识**是某个复杂的神经元系统经历某种协调活动时的一种突现性质。哪些系统性质是规范上可能的，这由给定系统的部分的本质基础性质所决定。这就是为什么你不能从任何基础性质获得给定的系统性质，即从不同类的部分获得给定的系统性质。对于系统的组成成立的事情，对于系统能够经历的过程也成立。有意识不是一个静态系统的性质，而是一个复杂的、变化着的系统的突现性质，它涉及过程功能，不仅仅是某些输入 / 输出的角色功能。但是过程功能是给定组成和结构的给定系统的状态的变化，所以它们不能在完全不同的规范状态和事件空间的系统中出现。（可是，用人工装置，也许可能取代某些角色功能，例如那些提供感觉输入能够产生现象意识的某个神经元系统的功能）

按照我们这里的观点，这就是为什么，精神的多重可实现性限于各种同类神经元系统。例如，你的和我的脑大多是类似地缠绕的，稍微有所不同，所以你思考“2+2 =4”同我思考同一命题可能多少涉及不同的神经元系统和过程。但这只是同一类物质（即神经元系统）中的变异。这种“可实现性”的变异不是多重的，就适用于**不同类**（或甚至所有类）的系统而言。这种观点有时被嘲笑为神经沙文主义，但这是规范本质主义的天然伴侣。（在生命的案例中是碳沙文主义）由于这些（和许多其他）理由，功能主义，例如强的人工生命和人工智能，在这种形而上学的启示下，结果是很难达到的（Kary & Mahner 2002，Mahner & Bunge 1997）。

194

现在让我们转向所谓的还魂尸问题。这个问题依据的观点是逻辑上可能的就是可能的。如果某件事是可以想象的，那么它在逻辑上是可能的，而任何逻辑上可能的，也是真实可能的。这种进路时常同可能世界语义学、可能世界形而上学、模态逻辑等结伴而行。[①]

因此，我们得到的论据告诉我们，例如，水是 H_2O，在逻辑上不是必然的，但它在其他（逻辑上）可能的世界中可能由不同的分子组成。[②] 我们从这里出发：（正常的）人脑有意识，因为这是可以设想的，或者，换句话说，这不是逻辑上必然的，因此，在逻辑上有可能，还魂尸在人的意义上同我们有一样的功能，但它终究不能有“精神生活”（Chalmers 1996）。所以在神经元系统和现象意识或其他精神“状态”之间就没有必然的或规律性的联系，而精神性质的存在就成为神秘的事情。设想一下，解释和形而上学的鸿沟是如此广阔，唯物论是不可能闭合它的。

现在，逻辑可能性是适用于逻辑和数学的唯一可能性。但在科学中，有关的可能性是**规范的**或**真实的**可能性。（有时候，真实可能性也被称为“形而上学可能性”，但时常不清楚，形而上学可能性严格的意思是什么）当然，逻辑上不可能，不是真实的不可能，但也不是每一件逻辑上可能的事就是实际可能的。正如我们在节 A2.2 和 A2.3 中看到的那样，物质的东西的规范上可能的状态和事件空间分别是它们的逻辑上可能的状态和事件空间的

① 如果你声称可能世界语义学和形而上学以及模态逻辑对于科学倾向的哲学几乎是无用的，那么你就不能同主流分析哲学交朋友。——原注

② 这当然是普特南的例子。克里普克派不会同意。——原注

子集。而什么是真实的可能由所研究的物的合规律的本质性质所决定。由某类部分所组成的给定系统必然具有它的所有系统性质，而所说的必然性是**真实的或规范的**，而不是逻辑的。所以，如果意识或一般的精神是某类神经元系统的（或者，如果愿意，整个人脑的）系统性质，那么这些系统将总是并必然是伴随它们的系统性质——在给定条件下。因此，问为什么有意识就没有意义了，因为这似乎是说某类系统可以选择是否同所有它的规律性性质同在。系统性质的存在首先是自然界的一个（无所不在的）事实，对意识的解释只能是正确地描述脑有意识时的特定状态或状态的变化。问为什么我们的脑有意识而还魂尸的脑没有意识，就像是问为什么那儿有某物而不是一无所有：这是一个伪问题。出于所有这些理由，还魂尸论证在邦格的本体论的启示下，或者在规范本质主义的启示下，消解了（关于更详细的批评，参见，例如，Garrett 2009）。

当然，人们可以论证，精神性质不同于其他突现性质，因为它们是主观的，那就是说，人们需要在身体中的脑的神经元系统在某一状态，去“检测”或“进入”（或具有）精神性质。可是，考虑到系统性质和规律性在整个世界的无所不在性，我们就有很好的理由来认为精神性质同其他系统性质没有什么不同，尽管确实精神性质不是物理性质（在物理学的意义上），但它们仍然是物质的东西的物质性质。但是，那时，邦格的形而上学把实体一元论同性质多元论结合起来：有物理的、化学的、生物的、社会的和精神的性质。可是，后者并没有被一个本体论鸿沟把它同其余的世界分割开来，像查尔默斯在他的性质二元论观中所认为的那样：它们正是这个世界中质的新奇性的另一个例子。这，在我看来，至少是对精神的（神经）科学进路的形而上学工作假设。

不用多说，邦格的形而上学对心灵哲学的意义比我在这里这个简短综述所能做的，值得做更广泛得多的研究。所以，这必定足以指出，采纳像邦格的心灵哲学这样的科学指向的和唯物论的形而上学，可以避免许多无成果的争论，从而集中注意重要问题，而不是那些基于残破不全的形而上学的、自寻苦恼的伪问题。 196

参考文献

Bunge, Mario. 1967. *Scientific Research II: The Search for Truth*. Berlin: Springer-Verlag.

——. 1977. *Treatise on Basic Philosophy. Ontology I: The Furniture of the World*. Dordrecht: Reidel.

——. 1979. *Treatise on Basic Philosophy. Ontology II: A World of Systems*. Dordrecht: Reidel.

——. 1980. *The Mind-Body Problem*. Oxford: Pergamon Press.

——. 1983. *Treatise on Basic Philosophy*, vol. 6. *Epistemology & Methodology II: Understanding the World*. Dordrecht: Reidel.

Bunge, Mario & Rubén Ardila. 1987. *Philosophy of Psychology*. New York, NY: Springer-Verlag.

Bunge, Mario & Martin Mahner. 2004. *Über die Natur der Dinge. Materialismus und Wissenschaft* [in German]. Stuttgart: Hirzel-Verlag.

Chalmers, David J. 1996. *The Conscious Mind: In Search of a Fundamental Theory*. Oxford: Oxford University Press.

Ellis, Brian D. 2002. *The Philosophy of Nature: A Guide to the New Essentialism*. Chesham: Acumen.

Garrett, Brian J. 2009. Causal essentialism versus the zombie worlds. *Canadian Journal of Philosophy* 39(1): 93–112.

Glennan, Stuart. 2002. Rethinking mechanistic explanation. *Philosophy of Science* 69(S3): S342–S353.

Kary, Michael & Martin Mahner. 2002. How would you know if you synthesized a thinking thing? *Minds and Machines* 12(1): 61–86.

Kim, Jaegwon. 1978. Supervenience and nomological incommensurables. *American Philosophical Quarterly* 15(2): 149–156.

——. 1993. *Supervenience and Mind*. Cambridge: Cambridge University Press.

Machamer, Peter, Lindley Darden & Carl F. Craver. 2000. Thinking about mechanisms. *Philosophy of Science* 67(1): 1–25.

Mahner, Martin & Mario Bunge. 1997. *Foundations of Biophilosophy*. Berlin-Heidelberg: Springer-Verlag.

197 ——. 2001. Function and functionalism: A synthetic perspective. *Philosophy of Science* 68(1): 75–94.

Miller, Steven M. 2007. On the correlation/constitution distinction problem (and other hard problems) in the scientific study of consciousness. *Acta Neuropsychiatrica* 19(3): 159–176.

Robb, David & John Heil. 2013. Mental causation. In Zalta, Edward N., ed, *The Stanford Encyclopedia of Philosophy*.

199

参考文献

Adler-Lomnitz, Larissa. 1975. *Cómo sobreviven los marginados* [in Spanish]. México, D.F.: Siglo xxi.

Agassi, Joseph. 1985. *Technology: Philosophical and Social Aspects*. Dordrecht: Kluwer.

Albert, Hans. 1988. Hermeneutics and economics. A criticism of hermeneutical thinking in the social sciences. *Kyklos* 41: 573–602.

Ampère, André-Marie. 1843. *Essai sur la philosophie des sciences* [in French], 2 vols. Paris: Bachelier.

Ayala, Francisco J. 2016. *Evolution, Explanation, Ethics, and Aesthetics: Towards a Philosophy of Biology*. Cambridge, MA: Elsevier.

Barber, Bernard. 1952. *Science and the Social Order*. London: George Allen & Unwin.

Barraclough, Geoffrey. 1979. *Main Trends in History*. New York, NY-London: Holmes & Meier.

Berkeley, George. 1901 [1710]. *A Treatise concerning the Principles of Human Knowledge*. In *Works*, vol. 1. Oxford: Clarendon Press.

Bertalanffy, Ludwig von. 1950. An outline of general systems theory. *British Journal for the Philosophy of Science* 1: 139–164.

Blackett, Patrick M.S. 1949. *Fear, War, and the Bomb*. New York, NY: Whittlesey.

Bohannon, John. 2015. Many psychology papers fail replication tests. *Science* 349: 910–911.

Boly, Melanie, Anil K. Seth, Melanie Wilke, Paul Ingmundson, Bernard Baars, Steven Laureys, David B. Edelman & Naotsugu Tsuchiya. 2013. Consciousness in human and non-human animals: new advances and future directions. *Frontiers in Psychology* 4: 1–20.

Boulding, Kenneth. 1956. General systems theory — the skeleton of science. *Management Science* 2: 197–208.

Braudel, Fernand. 1996 [1949]. *La Méditerranée et le monde méditerranéen à l'époque de Philippe II* [in French]. Berkeley, CA: University of California Press.

200 ——. 1982 [1979]. *Civilization and Capitalism*, vol. 1: *The Wheels of Commerce*. New York, NY: Harper & Row.

Bruera, José Juan. 1945. *La lógica, el Derecho y la escuela de Viena* [in Spanish]. *Minerva* 2: 170–177.

Bunge, Mario. 1944. *Auge y fracaso de la filosofía de la naturaleza* [in Spanish]. *Minerva* 1: 213–235.

——. 1951. La fenomenología y la ciencia [in Spanish]. *Cuadernos Americanos* no. 4: 108–122. Revised version in *Una filosofía realista para el nuevo milenio*, pp. 265–285. Lima: Universidad Garcilaso de la Vega.

——. 1954. New dialogues between Hylas and Philonous. *Philosophy and Phenomenological Research* 15: 192–199.

——. 1955. The philosophy of the space–time approach to the quantum theory. *Methodos* 7: 295–308.

——. 1956. A survey of the interpretations of quantum mechanics. *American Journal of Physics* 24: 272–286.

——. 1957. *Filosofar científicamente y encarar la ciencia filosóficamente* [in Spanish]. *Ciencia e Investigación* 13: 244–254.

——. 1959a. *Metascientific Queries*. Evanston, IL: Charles C. Thomas.

——. 1959b. *Causality: The Place of the Causal Principle in Modern Science*. Cambridge, MA: Harvard University Press.

——. 1959c. Review of K. Popper's *The Logic of Scientific Discovery*. *Ciencia e investigación* 15: 216.

——. 1962a. An analysis of value. *Mathematicae Notae* 18: 95–108.

——. 1962b. Cosmology and magic. *The Monist* 44: 116–141.

——. 1966. Mach's critique of Newtonian mechanics. *American Journal of Physics* 34: 585–596.

——. 1967a. *Foundations of Physics*. Berlin-Heidelberg-New York, NY: Springer-Verlag.

——. 1967b. *Scientific Research*, 2 vols. Berlin-Heidelberg-New York, NY: Springer-Verlag. Rev. ed.: *Philosophy of Science*. New Brunswick, NJ: Transaction, 1998c.

——. 1967c. A ghost-free axiomatization of quantum mechanics. In M. Bunge, ed., *Quantum Theory and Reality*, pp. 105–117. Berlin-Heidelberg-New York, NY: Springer-Verlag.

——. 1967d. Physical axiomatics. *Reviews of Modern Physics* 39: 463–474.

201 ——. 1967e. The structure and content of a physical theory. In M. Bunge, ed., *Delaware Seminar in the Foundations of Physics*, pp. 15–27. Berlin-Heidelberg,-New York, NY: Springer-Verlag.

——. 1967f. Analogy in quantum mechanics: From insight to nonsense. *British Journal for the Philosophy of Science* 18: 265–286.

——. 1968. On Mach's nonconcept of mass. *American Journal of Physics* 36: 167.

——. 1970. The so-called fourth indeterminacy relation. *Canadian Journal of Physics* 48: 1410–1411.

——. 1973a. *Philosophy of Physics*. Dordrecht: Reidel.

——. 1973b. *Method, Model and Matter*. Dordrecht: Reidel.

——. 1974a. *Treatise on Basic Philosophy*, vol. 1: *Sense and Reference*. Dordrecht: Reidel.

——. 1974b. *Treatise on Basic Philosophy*, vol. 2: *Interpretation and Truth*. Dordrecht: Reidel.

——. 1975. ¿Hay proposiciones? *Aspectos de la Filosofía de W. V. Quine* [in Spanish], pp. 53–68. Valencia: Teorema.

——. 1976. Review of Wolfgang Stegmüller's *The Structure and Dynamics of Theories*. *Mathematical Reviews* 55: 333, no. 2480.

——. 1977. *Treatise on Basic Philosophy*, vol. 3: *The Furniture of the World*. Dordrecht: Reidel.

——. 1979a. The Einstein–Bohr debate over quantum mechanics: Who was right about what? *Lecture Notes in Physics* 100: 204–219.

——. 1979b. *Treatise on Basic Philosophy*, vol. 4: *A World of Systems*. Dordrecht: Reidel.

——. 1980. *The Mind–Body Problem*. Oxford: Pergamon.

——. 1983a. *Treatise on Basic Philosophy*, vol. 5: *Exploring the World*. Dordrecht: Reidel.

——. 1983b. *Treatise on Basic Philosophy*, vol. 6: *Understanding the World*. Dordrecht: Reidel.

——. 1985a. *Treatise on Basic Philosophy*, vol. 7, Part I: *Philosophy of Science: Formal and Physical Sciences*. Dordrecht: Reidel.

——. 1985b. *Treatise on Basic Philosophy*, vol. 7, Part II: *Philosophy of Science: Life Science, Social Science and Technology*. Dordrecht: Reidel.

——. 1987. *Philosophy of Psychology*. Berlin-Heidelberg-New York, NY: Springer-Verlag.

——. 1989. *Treatise on Basic Philosophy*, vol. 8: Ethics: *The Good and the Right*. Dordrecht-Boston: Reidel.

202

——. 1991/92. A critical examination of the new sociology science. *Philosophy of the Social Sciences* 21: 524–560; 22: 46–76.

——. 1992. Sette paradigmi cosmologici: L'animale, la scala, il fiume, la nuvola, la macchina, il libro e il sistema dei sistemi [in Italian]. *Aquinas* 35: 219–235.

——. 1994. L'écart entre les mathématiques et le réel. In M. Porte, Ed., *Passion des formes* [Festchrift for René Thom] vol. 1, pp. 165–173. Fontenay-St. Cloud: E.N.S Editions.
——. 1996. *Finding Philosophy in Social Science*. New Haven, CT: Yale University Press.
——. 1997. Moderate mathematical fictionism. In Agazzi, Evandro & György Darwas, eds. *Philosophy of Mathematics Today*, pp. 51–71. Dordrecht-Boston: Kluwer Academic.
——. 1998. *Social Science Under Debate*. Toronto: University of Toronto Press.
——. 1999a. *The Sociology–Philosophy Connection*. New Brunswick, NJ: Transaction.
——. 1999b. *Philosophical Dictionary*, enlarged ed. Amherst, NY: Prometheus Books.
——. 2001. *Philosophy in Crisis: The Need for Reconstruction*. Amherst, NY: Prometheus Books.
——. 2003a. *Emergence and Convergence*. Toronto: University of Toronto Press.
——. 2003b. Velocity operators and time–energy relations in relativistic quantum mechanics. *International Journal of Theoretical Physics* 42: 135–142.
——. 2006. *Chasing Reality: The Strife over Realism*. Toronto: University of Toronto Press.
——. 2007. Did Weber practice the philosophy he preached? In McFalls, Laurence, ed. *Max Weber's "Objectivity" Revisited*, pp. 119–134. Toronto: University of Toronto Press.
——. 2008. Bayesianism: Science or pseudoscience? *International Review of Victimology* 15: 169–182. Repr. In Bunge 2012a.
——. 2009a. The failed theory behind the 2008 crisis. In Mohamed, Cherkaoui & Peter Hamilton, eds., *Raymond Boudon: A Life in Sociology*, vol. 1, pp. 127–142. Oxford: Bardwell.
——. 2009b. Advantages and limits of naturalism. In Shook, John R. & Paul Kurtz, eds., *The Future of Naturalism*. Amherst, NY: Humanities Books.
——. 2009c. *Political Philosophy: Fact, Fiction, and Vision*. New Brunswick, NJ: Transaction Publishers.
203 ——. 2010. *Matter and Mind*. Boston Studies in the Philosophy of Science, vol. 287. New York, NY: Springer.
——. 2011. Knowledge: Genuine and bogus. *Science & Education* 20: 411–438.
——. 2012a. *Evaluating Philosophies*. Boston Studies in the Philosophy of Science, vol. 295. New York, NY: Springer.
——. 2012b. The correspondence theory of truth. *Semiotica* 188: 65–76.
——. 2013. *Medical Philosophy: Conceptual Issues in Medicine*. Singapore: World Scientific.

——. 2014. Wealth and wellbeing, economic growth, and integral development. *International Journal of Health Services* 44: 835–844.

——. 2015. Does the Aharonov–Bohm effect occur? *Foundations of Science* 20: 129–133.

——. 2016a. *Between Two Worlds: Memoirs of a Philosopher Scientist*. Switzerland: Springer International.

——. 2016b. Why axiomatize? *Foundations of Science*, in press.

Buss, David M. 2015. *Evolutionary Psychology: The New Science of the Mind*, 5th ed. New York, NY: Routledge.

Carnap, Rudolf. 1928. *Der logische Aufbau der Welt*. Transl.: *The Logical Structure of the World. Pseudoproblems in Philosophy*. Berkeley, CA: University of California Press.

Carnap, Rudolf. 1936. Testability and meaning. *Philosophy of Science* 4: 419–471.

Cirelli, Marco. 2015. Status of (direct and) indirect dark matter searches. *Proceedings of Science* arXiv: 1511.02031v3 [astro-ph.HE].

Condorcet, Nicholas. 1976. *Selected Writings*. K. M. Baker, ed. Indianapolis, IN: Bobbs-Merrill.

Costanza, Robert *et al.* 2014. Time to leave GDP behind. *Nature* 505: 283–285.

Covarrubias, Guillermo M. 1993 An axiomatization of general relativity. *International Journal of Theoretical Physics* 32: 1235–1254.

Cravioto, Joaquin. 1958. Protein metabolism in chronic infantile malnutrition (kwashiorkor). *American Journal of Clinical Nutrition*. 6: 495–503.

d'Holbach, Paul-Henri Thiry. 1770. *Système de la Nature ou Des Loix du Monde Physique et du Monde Moral* [in French], 2 vols. London: M.-M. Rey.

——. 1994 [1773]. *Système Social, ou Principes Naturels de la Morale et de la Politique*. Paris: Fayard.

Daston, Lorraine & Peter Galison. 2007. *Objectivity*. New York, NY: Zone Books.

Dawkins, Richard. 1976. *The Selfish Gene*. Oxford: Oxford University Press.

de Solla Price, Derek. 1963. *Little Science, Big Science*. New York, NY: Columbia University Press.

204

Descartes, René. 1974 [1664]. *Oeuvres* [in French], vol. XI, Charles Adam and Paul Tannéry, eds. Paris: Vrin.

Dilthey, Wilhelm. 1959 [1883]. *Einleitung in die Geisteswissenschaften*. In *Gesammelte Schriften* [in German], vol. 1. Stuttgart: Teubner; Göttingen: Vanderhoeck und Ruprecht.

Dirac, Paul A.M. 1958. Generalized Hamiltonian dynamics. *Proceedings of the Royal Society of London* 246: 326–332.

Duhem, Pierre. 1908. SWZEIN TA FAINOMENA: *Essai sur la théorie physique de Platon à Galilée* [in French]. Paris: Hermann.

Durkheim, Emile. 1988 [1895]. *Les règles de la méthode sociologique* [in French]. Paris: Flammarion.

Dyzenhaus, David. 1997. Legal theory in the collapse of Weimar. Contemporary lessons? *American Political Science Review* 91: 121–134.

Einstein, Albert. 1950. *Out of my Later Years*. New York, NY: Philosophical Library.

Einstein, Albert, Boris Podolsky & Nathan Rosen. 1935. Can quantum-mechanical description of physical reality be considered complete? *Physical Review* 47: 777–789.

Ellis, George & Joe Silk. 2014. Defend the integrity of physics. *Nature* 516: 321–323.

Engels, Frederick. 1941. *Dialectics of Nature*. London: Lawrence & Wishart.

Everett, Hugh. *1957*. Relative state formulation of quantum mechanics. *Reviews of Modern Physics* 29: 454–462.

Falk, Gottfried & Herbert Jung. 1959. *Axiomatik der Thermodynamik. Handbuch der Physik* [Encyclopedia of Physics], pp. 119–175. Berlin-Heidelberg: Springer-Verlag

Feuerbach, Ludwig. 1947. *Kleine philosophische Schriften (1842–1845)* [in German]. Leipzig: Verlag Felix Meiner.

Feynman, Richard P. 1949. Space–time approach to quantum electrodynamics. *Physical Review* 76: 769–789.

Fogel, Robert W. 1994. Economic growth, population theory, and physiology: The bearing of long-term processes on the making of economic policy. *American Economic Review* 84: 369–395.

Fontana, Josep. 2011. *Por el bien del imperio: una historia del mundo desde 1945* [in Spanish]. Barcelona: Pasado y Presente.

Foster, Jacob G., Andrey Rzhetsky & James A. Evans. 2015. Tradition and innovation in scientists' research strategies. *American Sociological Review* 80: 875–908.

205 Fraassen, Bas C. van 1980. *The Scientific Image*. Oxford: Clarendon Press.

Fuller, Leon L. 1958. Positivism and fidelity to law: A reply to Professor Hart. *Harvard Law Review* 91: 121–134.

Galilei, Galileo. 1953 [1693]. *Il saggiatore* [in Italian]. In *Opere*. Milano, Napoli: Riccardo Ricciardi.

Galison, Peter. 1987. *How Experiments End*. Chicago, IL: University of Chicago Press.

Garcia, John. 1981. Tilting at the windmills of academia. *American Psychologist* 36: 149–158.

Geertz, Clifford. 1973. *The Interpretation of Cultures*. New York, NY: Basic Books.

Gintis, Herbert, Samuel Bowles, Robert Boyle & Ernst Fehr, eds. 2005. *Moral Sentiments and Material Interests: The Foundations of Cooperation in Economic Life*. Cambridge, MA: MIT Press.

Gordin, Michael D. 2015. Myth 27. That a clear line of demarcation has separated science from pseudoscience. In Numbers, Ronald L. & Kostas Kampourakis, eds. *Newton's Apple and Other Myths About Science*, pp. 219–226. Cambridge, MA: Harvard University Press.

Gould, Stephen Jay. 1990. *The Panda's Thumb*. London: Penguin.

Gruber, Howard E. & Paul H. Barrett. 1974. *Darwin on Man*. New York, NY: E.P. Dutton.

Hacohen, Malachi Haim. 2000. *Karl Popper: The Formative Years 1902–1945*. Cambridge: Cambridge University Press.

Halmos, Paul. 1960. *Naïve Set Theory*. New York, NY: Van Nostrand Reinhold.

Harris, Marvin. 1968. *The Rise of Anthropological Theory*. New York, NY: Crowell.

Hart, H. L. A. 1961. *The Concept of Law*. Oxford: Oxford University Press.

Hastings, Max. 2015. *The Secret War: Spies, Codes and Guerrillas 1939–1945*. London: Willliam Collins.

Hayek, Friedrich von. 1952. *The Counter-Revolution of Science*. Glencoe, IL: Free Press.

Hebb, Donald O. 1949. *The Organization of Behavior: A Neuropsychological Theory*. New York, NY: Wiley & Sons.

——. 1951. The role of neurological ideas in psychology. *Journal of Personality* 20: 39–55.

——. 1980. *Essay on Mind*. Hillsdale, NJ: Erlbaum.

Heidegger, Martin. 1993 [1926]. *Sein und Zeit* [in German]. Tübingen: Max Niemeyer.

Heisenberg, Werner. 1969. *Der Teil und das Ganze* [in German]. Munich: Piper.

Henry, Richard Conn. 2005. The mental universe. *Nature* 436: 29.

Hilbert, David. 1918. Axiomatisches Denken [in German]. *Mathematische Annalen* 78: 405–415.

206

——. 1935. *Gesammelte Abhandlungen*, Vol. 3. Berlin: Julius Springer.

Hume, David. 1902 [1748]. *An Enquiry Concerning Human Understanding*, 2nd ed. Oxford: Clarendon Press.

——. 2000 [1739]. *A Treatise on Human Nature*, new ed. Oxford: Oxford University Press.

Husserl, Edmund. 1931 [1913]. *Ideas: General Introduction to Pure Phenomenology*. London: George Allen & Unwin.

——. 1995 [1928]. *Cartesianische Meditationen* [in German]. Hamburg: Meiner.

——. 1970 [1935]. *The Crisis of European Sciences*. Evanston, IL: Northwestern University Press.

Ingenieros, José. 1917. *Hacia una moral sin dogmas* [in Spanish]. Buenos Aires: Rosso.

Ioannidis, John P.A. 2005. Why most published research findings are false. *PLoSMed* 2(8): e124.

Israel, Jonathan. 2010. *A Revolution of the Mind*. Princeton, NJ: Princeton University Press.

——. 2014. *Revolutionary Ideas*. Princeton, NJ: Princeton University Press.

Kahneman, Daniel. 2011. *Thinking, Fast and Slow*. New York, NY: Farrar, Strauss and Giroux.

Kant, Immanuel. 1952 [1787]. *Kritik der reinen Venunft* [in German], 2nd ed. Hamburg: Felix Meiner.

——. 1912. *Briefwechsel* [in German], 3 vols. Munich: Georg Muller.

Kelsen, Hans. 1945. *General Theory of Law and State*. Cambridge, MA: Harvard University Press.

Koepsell, David. 2009. *Who Owns You? The Corporate Rush to Patent Your Genes*. Malden, MA: Wiley-Blackwell.

Kuhn, Thomas S. 1977. *The Essential Tension: Selected Studies in Scientific Tradition and Change*. Chicago, IL: University of Chicago Press.

Lalande, André. 1938. *Vocabulaire technique et critique de la philosophie* [in French], 2nd ed., 3 vols. Paris: Alcan.

Lange, Friedrich Albert. 1905 [1875]. *Geschichte des Materialismus* [in German], 2nd ed., 2 vols. Leipzig: Philipp Reclam.

Latour, Bruno. 1987. *Science in Action: How to Follow Scientists and Engineers Through Society*. Cambridge, MA: Harvard University Press.

Latour, Bruno & Steven Woolgar. 1979. *Laboratory Life. The Construction of Scientific Facts*. Princeton, NJ: Princeton University Press.

207

Laudan, Larry. 1988. The demise of the demarcation problem. In Ruse, Michael, ed. *But Is It Science?: The Philosophical Question in the Creation/Evolution Controversy*, pp. 337–350. Amherst, NY: Prometheus Books.

Le Dantec, Félix. 1912. *Contre la métaphysique* [in French]. Paris: Alcan.

Ledford, Heidi. 2015. Team science. *Nature* 525: 308–311.

Leibniz, Gottfried Friedrich. 1981 [1703]. *New Essays on Human Understanding*. Cambridge: Cambridge University Press.

Lenin, V[ladimir] I[lich]. 1981. *Collected Works*, vol. 38: *Philosophical Notebooks* [1914–15]. Moscow: Foreign Languages Publishing House.

Lewontin, Richard. 2000. *It Ain't Necessarily So*. New York, NY: New York Review Books.

Locke, John. 1975 [1690]. *An Essay on the Human Understanding*. Oxford: Oxford University Press.

Lundstedt, Anders V. 1956. *Legal Thinking Revised: My Views on Law*. Stockholm: Almqvist & Wiksell.

Mach, Ernst. 1893 [1883]. *The Science of Mechanics*. La Salle, IL: Open Court.

Mahner, Martin, ed. 2001. *Scientific Realism: Selected Essays of Mario Bunge*. Amherst, NY: Prometheus Books.

Mahner, Martin & Mario Bunge. 1997. *Foundations of Biophilosophy*. New York, NY: Springer.

McKinsey, John C.C., A.C. Sugar & Patrick Suppes. 1953. Axiomatic foundations of classical particle mechanics. *Journal of Rational Mechanics and Analysis* 2: 253–272.

Merton, Robert K. 1973. *Sociology of Science*. Chicago, IL: University of Chicago Press.

Merton, Robert K. & Elinor Barber. 2004. *The Travels and Adventures of Serendipity*. Princeton, NJ: Princeton and Virginia Press.

Meyerson, Émile. 1931. *Du cheminement de la pensée* [in French], 3 vols. Paris: Alcan.

Mill, John Stuart. 1952 [1843]. *A System of Logic Ratiocinative and Inductive*. London: Longmans, Green.

Mirowski, Philip. 2011. *Science-Mart: Privatizing American Science*. Cambridge, MA: Harvard University Press.

Moulines, Carlos Ulises. 1975. A logical reconstruction of simple equilibrium thermodynamics. *Erkenntnis* 9: 101–130.

——. 1977. Por qué no soy materialista [in Spanish]. *Crítica* 9: 25–37.

Natorp, Paul. 1910. *Die logische Grundlagen der een Wissenschafteni* [in German]. Leipzig-Berlin: B.G. Teubner.

Neuberger, David. 2016. Stop the needless dispute of science in the courts. *Nature News*. Retrieved from http://www.nature.com/news/stop-needless-dispute-of-science-in-the-courts-1.19466

Neurath, Otto. 1955. Encyclopedia and unified science. In Otto Neurath, Rudolf Carnap & Chales Morris, eds. *International Encyclopedia of Unified Science*, vol. I, no. 1. Chicago, IL: University of Chicago Press.

Newton, Isaac. 1999 [1687]. *The Principia: Mathematical Principles of Natural Philosophy*. Berkeley, CA: University of California Press.

Numbers, Ronald L. & Kostas Kampourakis, eds. 2015. *Newton's Apple* and *Other Myths About Science*. Cambridge, MA: Harvard University Press.

Omnès, Roland. 1999. *Understanding Quantum Mechanics*. Princeton, NJ: Princeton University Press.

Open Science Collaboration [a group of 270 psychologists from around the world]. 2015. Estimating the reproducibility of psychological science. *Science* 349: 943.

Owens, Brian. 2016. Access all areas. *Nature* 533: S71–S72.

208

Pavlov, Ivan. 1960 [1927]. *Conditioned Reflexes*. New York, NY: Dover.

Peng, Yueqing, Sarah Gillis-Smith, Hao Jin, Dimitri Tränkner, Nicholas J.P. Ryba & Charles S. Zuker. 2015. Sweet and bitter taste in the brain of awake behaving animals. *Nature* 527: 512–15.

Pérez-Bergliaffa, Santiago. 1997. Toward an axiomatic pregeometry of space–time. *International Journal of Theoretical Physics* 37: 2281–2299.

Pérez-Bergliaffa, Santiago, Gustavo Romero & Héctor Vucetich. 1993. Axiomatic foundation of non-relativistic quantum mechanics: A realist approach. *International Journal of Theoretical Physics* 32: 1507–1525.

Pievani, Telmo. 2014. *Evoluti e abandonati* [in Italian]. Torino: Einaudi. Ponsa.

Pinker, Steven. 2002. *The Blank Slate: The Modern Denial of Human Nature*. New York, NY: Penguin.

Popper, Karl R. 1959 [1935]. *The Logic of Scientific Discovery*. London: Hutchinson.

——. 1960. *The Poverty of Historicism*, 2nd ed. London: Routledge & Kegan Paul.

Popper, Karl R. & John C. Eccles. 1977. *The Self and Its Brain*. Heidelberg-New York, NY: Springer-Verlag.

Pound, Roscoe. 1931. The call for a realist jurisprudence. *Harvard Law Review* 44: 697–711.

Press, William H. 2013. What's so special about science (and how much should we spend on it)? *Science* 342: 817–822.

209

Puccini, Gabriel D., Santiago Pérez-Bergliaffa & Héctor Vucetich. 2008. Axiomatic foundations of thermostatics. *Nuovo Cimento B*. 117: 155–177.

Quine, Willard Van Orman. 1969. Epistemology naturalized. In Willard Quine, ed. *Ontological Relativity and Other Essays*, pp. 69–90. New York, NY: Columbia University Press.

Quine, Willard Van Orman & Nelson Goodman. 1940. Elimination of extra-logical predicates. *Journal of Symbolic Logic* 5: 104–109.

Quintanilla, Miguel A. 2005. *Technología: Un enfoque filosófico*. Mexico D.F.: Fondo de Cultura Económica.

Raynaud, Dominique. 2015. *Scientific Controversies*. New Brunswick, NJ: Transaction.

——. 2016. *Qu'est ce que la technologie*? [in French]. Paris: Editions Matériologiques.

Renan, Ernest. 1949 [1852]. *Avérroès et l'avérroisme* [in French]. *Oeuvres Complètes*, vol. III. Paris: Calmann-Lévy.

Rennie, Drummond. 2016. Make peer review scientific. *Nature* 535: 31–33.

Rescher, Nicholas. 1985. *The Strife of Systems*. Pittsburgh, PA: University of Pittsburgh Press.

Ridley, Matt. 2016. *The Evolution of Everything: How New Ideas Emerge*. New York, NY: Harper.

Romero, Gustavo E. & Gabriela S. Vila. 2014. *Introduction to Black Hole Astrophysics. Lecture Notes in Physics*, vol. 876. Berlin, Heidelberg: Springer-Verlag.

Rousseau, Jean-Jacques. 2009 [1762]. *Émile, ou De l'éducation* [in French]. Paris: Flammarion.

Russell, Bertrand. 1954 [1927]. *The Analysis of Matter.* New York, NY: Dover.

——. 1995 [1940]. *An Inquiry into Meaning and Truth.* London: Routledge.

Schlosshauer, Maximilian. 2007. *Decoherence and the Quantum-to-Classical Transition.* Berlin-Heidelberg-New York, NY: Springer-Verlag.

Schöttler, Peter. 2013. *Scientisme: Sur l'histoire d'un concept difficile* [in French]. *Revue de Synthèse* 134: 89–113.

——. 2015. *Die "Annales" — Historiker und die deutsche Geschichtswissenschaft.* Tübingen: Mohr-Siebeck.

Smolin, Lee. 2006. *The Trouble with Physics.* New York, NY: Penguin.

Sneed, Joseph D. 1971. *The Logical Structure of Mathematical Physics.* Dordrecht: Reidel.

Sokal, Alan & Jean Bricmont. 1997. *Fashionable Nonsense.* New York, NY: Picador.

Sperber, Jonathan. 2013. *Karl Marx: A Nineteenth-Century Life.* New York, NY-London: Liveright.

Stone, Julius. 1966. *Social Dimensions of Law and Justice.* Stanford, CA: Stamford University Press. 210

Stove, David. 1982. *Popper and After: Four Modern Irrationalists.* Oxford: Pergamon Press.

Szyf, Moshe, Patrick McGowan & Michael J. Meaney. 2008. The social environment and the epigenome. *Environmental and Molecular Mutagenesis* 49: 46–60.

Takahashi, Daniel Y., Alicia Fenley, Yayoi Teramoto & Asif A. Ghazanfar. 2015. The developmental dynamics of marmoset monkey vocal production. *Science* 349: 734–738.

Tarski, Alfred. 1944. The semantical concept of truth and the foundations of semantics. *Philosophy and Phenomenological Research* 4: 341–375.

Tola, Fernando & Carmen Dragonetti. 2008. *Filosofía de la India* [in Spanish]. Barcelona: Kairós.

Trigger, Bruce G. 2003. *Artifacts & Ideas.* New Brunswick, NJ: Transaction Publishers.

Truesdell, Clifford. 1984. *An Idiot's Fugitive Essays on Science.* New York, NY: Springer-Verlag.

Wan, Yu-Ze Poe. 2011. *Reframing the Social.* Surrey: Ashgate.

Weber, Max. 1924. *Die sozialen Gründe des Untergangs der antiken Kultur* [in German]. In von Clemens, Bauer, ed. *Gesammelte Aufsätze zur Wirtschafts-und Sozialgeschichte*, pp. 289–311. Tübingen: Mohr.

——. 1976 [1921]. *Wirtschaft und Gesellschaft: Grundriss derverstehende Soziologie* [in German], 3 vols. Tübingen: Mohr.

——. 1988a [1904]. *Die "Objektivität" sozialwissenschaftlicher und sozialpolitiker Erkenntnis* [in German]. In von Clemens, Bauer, ed. *Gesammelte Aufsätze zur Wissenschaftslehre*, pp. 146–214. Tübingen: Mohr.

———. 1988b [1913]. *Ueber einige Kategorien der verstehende Soziologie* [in German]. In *Gesammelte Aufsätze zur Wissenschaftslehre*, pp. 427–474. Tübingen: Mohr.

Wikström, Per-Olof & Robert J. Sampson, eds., *The Explanation of Crime*. Cambridge: Cambridge University Press.

Wilsdon, James. 2015. We need a measured approach to metrics. *Nature* 523: 129.

Worden, Frederic G., Judith P. Swazey & George Adelman, eds. 1975. *The Neurosciences: Paths of Discovery*. Cambridge, MA: MIT; New York, NY: Straus, Farrar and Giroux.

Zeilinger, Anton. 2010. *Dance of the Photons: From Einstein to Quantum Teleportation*. New York, NY: Farrar, Straus and Giroux.

Zuckerman, Harriet. 1977. *Scientific Elite: Nobel Laureates in the United States*. New York, NY: Free Press.

索引

（条目后的数字为原书页码，即本书边码）

B

F

G

H

J

K

M

P

Q

R

S

T

U

V

W

X

Y

Z

译后记

本书作者马里奥·邦格（1919—2020）于 2020 年 2 月 24 日在加拿大蒙特利尔逝世，享年 100 岁。他在 1919 年 9 月 21 日生于阿根廷布宜诺斯艾利斯。父母都是德裔，父亲是医生，曾是阿根廷一位有社会主义倾向的议员，母亲是护士。他们都希望把儿子培养成世界公民。他小时候就学会了西班牙文、英文、法文、意大利文、德文和拉丁文（从本书末尾的参考文献即可见一斑）。早年就能阅读各国的科学、哲学和文学的经典著作。年轻时就阅读过黑格尔、马克思、弗洛伊德、罗素的著作。1938 年他到国立拉普拉塔大学学习物理学，后又转入布宜诺斯艾利斯大学，1942 年毕业。1943 年，在物理学家圭多·贝克（曾为海森堡的助手）的指导下研究核力问题。1951 年曾因非法结社活动入狱。1952 年获物理学的哲学博士学位。1953 年，邦格关注量子力学的基础问题，曾到巴西圣保罗戴维·玻姆的理论物理研究所做博士后。此后，他就在布宜诺斯艾利斯大学和国立拉普拉塔大学讲授物理学和哲学。1956 年，他在智利举行的拉丁美洲哲学会议上见到了奎因，二人一见如故，邦格向奎因出示了他无法出版的《因果关系：因果原理在现代科学中的地位》手稿，奎因建议把手稿提交给哈佛大学出版社，终于手稿得以出版，并获得好评。1962 年，阿根廷的军人掌权，加紧对大学的控制，邦格决定到国外工作。他在英国没有找到教书的工作。1963 年以后，他先后在美国得克萨斯大学、特拉华大学、宾州大学、坦普尔大学任教。1966 年，他开始到加拿大蒙特利尔的麦吉尔大学任教授，直至 90 岁时退休。在退休后，他仍然坚持哲学和物理学的研究和写作。他一生共写了 400 多篇论文，80 部著作，其中包含 1974—1989 年陆续出版的八卷本《基础哲学论集》，2016 年出版《在两个世界之间：一个哲学家 - 科学家的回忆录》。1992 年，当选加拿大皇家学会会士。2014 年，获颁路德维希 · 冯 · 贝塔朗菲复杂性思维奖。本书《在哲学的启示下搞科学》是在 2017 年出版的。2018 年，他出版了一本有关引力波检测的书。

邦格既是一位物理学家，也是一位哲学家。他认为，没有哲学，科学就没有深度；没有科学，哲学就会停滞。

邦格是一位坚定的唯物论者。他主张系统论的、涌现论的、整体论的唯物论。他认为世界是物质的，可变的，物质涌现出太阳、地球、生命、植物、动物、人类、思维、社会等。他赞成民主的社会主义。2011 年 10 月，92 岁的邦格应邀首次访华，14 日，在北京大学就《哲学与反哲学》《科学进步的哲学基础》做了两场演讲；17 日，在清华大学做报告《哲学对于科学技术的功用》。

在本书中，他批评了许多不赞同唯物论的哲学家和学者。他批评了康德的唯心论的先验论，黑格尔的辩证法，贝克莱的唯心论，休谟的经验论，孔德的实证论，马赫和维也纳学派的经验论，波普尔的证伪论，库恩、费耶阿本德否定客观真理的相对主义，胡塞尔、海德格尔的现象论，狄尔泰的诠释学。他也批评了科学知识社会学家布鲁诺、拉图尔等人的建构论，福柯把科学等同于政治的观点。他也批评了韦伯把资本主义同清教相联系的命题，物理学家费恩曼蔑视哲学的错误态度，如此等等。

作为系统论的唯物论者，邦格批评了机械唯物论，他也不赞同辩证唯物论。他主张科学家要在系统论的唯物论指引下，研究客观的物质世界，研究关于物质（包括暗物质）的结构、状态和变化。他不赞同弦论，它只是精美的数学，而与物理世界没有任何联系。他也不赞同多世界理论，因为它没有任何实验证据。他提倡公理化方法，以澄清概念，明确指称，消除主观主义的因素，建立严格的演绎系统。邦格在 98 岁高龄时写的这部著作，对唯物论哲学和科学的发展，仍具有重大的意义。

我 1979 年访问北美时，曾到麦吉尔大学拜访他，他送我许多著作。可是，我回国后，只翻译了一篇《对辩证法的批判考察》，在 1980 年的《哲学译丛》第 1 期发表，以后就没有做更多研究和介绍。1984 年，殷正坤和张立中发表了《邦格及其〈科学的唯物主义〉》一文（《自然辩证法通讯》1984 年第 3 期）。1987 年，张华夏教授在《自然辩证法研究》第 2 期上发表了《解释、还原、整合——邦格的某些科学哲学观点述评》。1995 年出版的《自然辩证法百科全书》中，殷正坤教授写“本格的科学哲学思想”这一条目时，对邦格做了简要的介绍。邦格的著作国内翻译出版的有：《科学的唯物主义》，张相轮等译，上海译文出版社，1989 年；《物理学哲学》，颜锋等译，河北科学技术出版社，2003 年；《在社会科学中发现哲学》，吴朋飞译，科学出版社，2019

年;《涌现与汇聚：新质的产生与知识的统一》，李宗荣等译，人民出版社，2019 年。2019 年，《长沙理工大学学报》刊载了一个专栏，由桂起权教授主持，有三篇邦格的论文的译文，一篇关于邦格的评述。2011 年邦格到中国访问，我在清华大学听了他的报告，他还记得我在 1979 年访问过他。本来我们也曾想请邦格为本书写个序，我们还没有给他写信，想不到他已去世了。

本书在翻译过程中，有一些拉丁文的句子，是王哲然、王作跃教授帮助解决的，特在此致谢。

范岱年

2020 年 7 月 2 日于北京中关村

浙江省版权局著作权合同登记图字：11-2022-207 号